本书出版资金来源：韩山师范学院 2018 年"冲补强"资金（科研和研究平台建设类）

数学微格教学论

张 磊 著

科学出版社

北 京

内 容 简 介

本书主要阐述数学教育教学基本理论和数学教学实践技能。全书共详述9种数学教学技能——导入技能、语言技能、演示技能、变化技能、板书技能、提问技能、讲解技能、强化技能、结束技能。针对各项教学技能,在构建基本理论体系的基础上,紧密联系当前基础教育阶段数学课程改革动态,选择丰富而典型的教学案例,并结合教学技能的理论要点对案例予以点评,以便更好地帮助读者掌握数学教学的各项技能。

本书既可以作为高等师范院校数学教育专业的课程教材及相关技能训练课程的教学参考书,也可以作为在职数学教师进修提高的科研参考书。

图书在版编目(CIP)数据

数学微格教学论/张磊著. —北京:科学出版社,2019.11
ISBN 978-7-03-062678-3

Ⅰ. ①数… Ⅱ. ①张… Ⅲ. ①数学教学-微格教学-教学研究 Ⅳ. ①O1-4

中国版本图书馆 CIP 数据核字(2019)第 233664 号

责任编辑:徐仕达 李 莎 / 责任校对:王 颖
责任印制:吕春珉 / 封面设计:东方人华平面设计部

科 学 出 版 社 出版
北京东黄城根北街 16 号
邮政编码:100717
http://www.sciencep.com

三河市骏杰印刷有限公司 印刷
科学出版社发行 各地新华书店经销

*

2019 年 11 月第 一 版　　开本:B5(720×1000)
2019 年 11 月第一次印刷　　印张:11 3/4
字数:230 000
定价:99.00 元
(如有印装质量问题,我社负责调换〈骏杰〉)
销售部电话 010-62136230　编辑部电话 010-62138978-2046

版权所有,侵权必究

举报电话:010-64030229;010-64034315;13501151303

前　　言

当前,我国教育事业进入了全面提高教育质量的新时期,因此,大力推进教师教育课程和教学改革,加强师范生职业技能训练,强化教育实践环节,提高师范生培养质量,是造就高素质专业化教师队伍、全面提高基础教育质量的紧迫要求。目前,仍然存在数学教育专业师范生教学资源匮乏、教学技能训练质量不高、教学能力不强等问题。为此,本书结合作者多年开设数学教学技能课程的实践和研究经验,依据教师教育课程标准,构建数学教学技能与案例设计教学资源体系,以加强师范生教学技能训练,提高师范生从教能力。

教学技能不仅是教师组织或实施教学的简单行为特征,而且是教师素质的综合反映。它真切体现了教师的文化愿景和文化信仰,彰显了教师的学识风范、个性特点和人格魅力。素质教育和课程改革倡导的学习方式变革(自主学习、合作学习、探究学习),为数学教学技能的发展提出新的要求。依据教师专业化发展要求,课堂教学技能主要包括两个基本方面:课堂教学技能与课堂管理技能。课堂管理技能为教学的顺利进行创造条件和确保单位时间的效益,在教学中表现为教师的组织教学技能。而课堂教学技能又可以分为两种:一种是直接指向课堂教学目标和内容,可事先做好准备的技能,称为"主要教学技能",在教学中表现为传统的课堂教学技能,包括导入技能、语言技能、演示技能、变化技能、板书技能、提问技能、讲解技能、强化技能、结束技能等;另一种技能是直接指向具体的学生和教学情境,常常需要面对难以预料的课堂偶发事件,事先很难或根本不可能做准备,称为"辅助教学技能",包括自主学习技能、合作学习技能、探究学习技能、多媒体辅助教学技能等。说课技能、说题技能等属于一种课堂教学外的评研型实践技能。本书对数学教学的各种技能的概念、特点、目的、原则、类型及实训做了翔实的阐述,并选用中小学数学新课程中的一些典型案例予以诠释,注重原理与实例相结合,为成功的数学课堂教学奠定基础。

随着基础教育改革的发展,中小学数学教学有了很多新的特点和变化。例如,新课程强调要转变学习方式,强调综合性,加强了学科之间的相互渗透,面对学生多样的问题和活跃的思维,教师会感受到前所未有的压力。这些新的变化体现了教师职业技能发展的新特点,应该成为教师教育技能类教学设计的重要基点。为此,本书力图体现教师的专业特点和专业化发展的需要,符合基础教育改革发展的要求,适应国际教师教育发展的潮流,建立教师职前培养与职中培训相衔接的现代教师教育教学技能体系。

本书具有以下特点。

一、彰显内容的系统性。教师教学技能水平的高低直接影响教学目标的实现，而课堂教学活动不是孤立的、即兴的教育行为，而是复杂的，并能对课堂教学产生实质性影响的前期教学行为和后期信息反馈。因此，本书内容以教育心理学、教育学和课程与教学论的理论知识为基础，并将视野从课堂教学延伸到教学工作的各主要环节，侧重从应用性对策上阐明那些对教学质量有直接影响的基本教学行为。

二、内容注重继承与发展。既选取传统"微格教学"中经实践检验对数学教师培养有重要作用的内容，又注重基础教育课程改革对数学教师专业化发展提出的新要求，构建起本书的框架体系。

三、紧密结合数学课堂教学实践，重点突出数学教学技能的有效运用。既联系数学教学技能运用过程中涉及的数学教育学，包括课程论、学习论、教学论和思维论，又力求符合数学课堂教学的实际需要，借助"数学教学案例分析"架起理论与实践、运用之间的桥梁。本书收集了大量生动的课堂教学案例，并给出必要的点评，有利于教师进一步地揣摩。教师是一项实践性很强的职业，案例设计中注重教师文化内涵的丰富和提升，注重教师精神价值体系的改造和重建，更注重教师教学技能的强化训练，从而提升教师运用教学技能的有效性和效率。

四、凸显先进性与可操作性。既体现基础教育课程改革所需的"新课程""新理念""新方法"，如依据基础教育课程改革对教师的新要求，拓展教学技能的外延，增加说课技能、评课技能、多媒体教学技能、教学设计技能等内容，又总结并反思我国数学微格教学中的成功与不足，并融合二者，为数学教学技能的有效运用提供具体的、可操作性强的方案。

五、彰显技能运用的主线。本书各章节设计的主线围绕技能的有效性运用，有关技能必要的理论阐述尽量简化，突出技能运用的操作方法和实施要点，以进行有效的技能优化，提高实践教学效益，为基础教育培养"上手快、后劲足"的数学教师。

本书的出版，能够使高等师范院校数学教育专业的师范生得到更加系统、全面、有效的数学教学技能的培养，同时也能更好地促进中学数学教师教学水平的提高，对推进高等师范院校数学教育发展、优化数学课堂、提高教学效率起到积极的作用。

感谢韩山师范学院2018年"冲补强"资金（科研和研究平台建设类）对本书的资金资助。在本书的撰写过程中，参考并引用了一些专家、学者的文献资料，在此对文献作者表示诚挚的谢意。

由于作者水平有限，本书难免存在不足之处，敬请读者批评指正。

张　磊

2019 年元旦

目　录

第1章　数学微格教学概述 ………………………………………………………… 1

1.1　数学教学技能 ………………………………………………………………… 1
1.1.1　导入技能 ……………………………………………………………… 1
1.1.2　语言技能 ……………………………………………………………… 2
1.1.3　演示技能 ……………………………………………………………… 3
1.1.4　变化技能 ……………………………………………………………… 4
1.1.5　板书技能 ……………………………………………………………… 4
1.1.6　提问技能 ……………………………………………………………… 5
1.1.7　讲解技能 ……………………………………………………………… 6
1.1.8　强化技能 ……………………………………………………………… 7
1.1.9　结束技能 ……………………………………………………………… 8

1.2　微格教学 ……………………………………………………………………… 9
1.2.1　微格教学的概念 ……………………………………………………… 10
1.2.2　微格教学的理论依据 ………………………………………………… 10
1.2.3　微格教学的特点 ……………………………………………………… 11
1.2.4　微格教学教案编写 …………………………………………………… 12
1.2.5　微格教学实施方法 …………………………………………………… 14

第2章　良好的开端是成功的一半——论导入技能的运用与提升 ……………… 19

2.1　导入技能的概念 …………………………………………………………… 20

2.2　导入技能的功能 …………………………………………………………… 20
2.2.1　激发学习兴趣，产生学习动机 ……………………………………… 20
2.2.2　激起学生思维的波澜，引起积极的思考 …………………………… 21
2.2.3　吸引学生注意，引导进入学习情境 ………………………………… 21
2.2.4　承上启下、温故知新 ………………………………………………… 22

2.3　导入技能的应用原则 ……………………………………………………… 23
2.3.1　加强针对性原则，切忌漫无目标 …………………………………… 23
2.3.2　体现启发性原则，切忌导而不入 …………………………………… 23
2.3.3　富有趣味性原则，切忌枯燥乏味 …………………………………… 24
2.3.4　讲究多样性原则，切忌千篇一律 …………………………………… 24

2.3.5 注意简洁性原则，切忌拖沓冗长 ········· 25
2.4 导入技能的方法 ········· 26
  2.4.1 直观导入 ········· 26
  2.4.2 情境导入 ········· 26
  2.4.3 旧知识导入 ········· 28
  2.4.4 故事导入 ········· 30
  2.4.5 数学史导入 ········· 31
  2.4.6 游戏导入 ········· 32
  2.4.7 悬念导入 ········· 33
  2.4.8 实验导入 ········· 34
2.5 导入技能的实施策略 ········· 35
  2.5.1 导入方法的选择 ········· 36
  2.5.2 素材的准备 ········· 36
  2.5.3 导入语言的组织 ········· 37
  2.5.4 教学手段的选择 ········· 37
  2.5.5 所用知识的确定 ········· 38

第3章 一切教学活动的最基本行为——论语言技能的运用与提升 ········· 39
3.1 语言技能的概念 ········· 39
  3.1.1 基本语言技能的主要构成 ········· 39
  3.1.2 教学语言的特殊结构 ········· 40
3.2 语言技能的功能 ········· 41
  3.2.1 传递准确的知识信息 ········· 41
  3.2.2 组织优化课堂教学秩序 ········· 41
  3.2.3 激发学生的学习兴趣 ········· 42
  3.2.4 发挥语言表达的示范作用 ········· 42
  3.2.5 实现师生间的情感交流 ········· 42
3.3 语言技能的应用原则 ········· 43
  3.3.1 知识性原则 ········· 43
  3.3.2 目的性原则 ········· 43
  3.3.3 针对性原则 ········· 44
  3.3.4 简洁性原则 ········· 44
  3.3.5 激励性原则 ········· 44
  3.3.6 通俗性原则 ········· 45
  3.3.7 启发性原则 ········· 45

3.3.8　审美性原则 ·· 46
3.4　语言技能的类型 ·· 46
　　　3.4.1　表演性语言 ·· 46
　　　3.4.2　启发性语言 ·· 48
　　　3.4.3　解释性语言 ·· 50
　　　3.4.4　论证性语言 ·· 51
　　　3.4.5　态势语言 ··· 52
3.5　语言技能的实施策略 ·· 53
　　　3.5.1　数学教学语言应具有规范性 ·· 53
　　　3.5.2　数学教学语言应具有简洁性 ·· 53
　　　3.5.3　数学教学语言应具有生动性和趣味性 ·· 54
　　　3.5.4　数学教学语言应具有韵律性 ·· 54
　　　3.5.5　数学教学语言应具有启发性 ·· 55

第 4 章　一种增强信息交流效果与扩大认知通道的教学行为——论演示技能的运用与提升 ·· 57

4.1　演示技能的概念 ·· 57
4.2　演示技能的功能 ·· 58
　　　4.2.1　提供丰富直观的感性材料 ·· 58
　　　4.2.2　培养观察能力和思维能力 ·· 58
　　　4.2.3　激发学习兴趣，使注意力集中 ··· 58
　　　4.2.4　深化学生对知识的理解 ·· 58
4.3　应用原则 ·· 59
　　　4.3.1　目的性原则 ·· 59
　　　4.3.2　直观性原则 ·· 59
　　　4.3.3　鲜明性原则 ·· 59
　　　4.3.4　规范性原则 ·· 60
　　　4.3.5　简单性原则 ·· 60
4.4　演示技能的类型 ·· 61
　　　4.4.1　随手教具演示 ··· 61
　　　4.4.2　实物演示 ··· 62
　　　4.4.3　实验演示 ··· 63
　　　4.4.4　多媒体演示 ·· 65
　　　4.4.5　挂图或图片演示 ·· 66
　　　4.4.6　情境演示 ··· 68
　　　4.4.7　模型演示 ··· 69

4.5 演示技能的实施策略 ·· 70
　　4.5.1 类型、方法的确定 ··· 70
　　4.5.2 演示要与讲授紧密配合 ·· 70
　　4.5.3 演示要适时适度 ·· 71
　　4.5.4 演示素材的选取要能适度地刺激学生 ··· 71

第5章 "文似看山不喜平"——论变化技能的运用与提升 ············· 72

5.1 变化技能的概念 ·· 72
5.2 变化技能的功能 ·· 72
　　5.2.1 激发并保持学生对数学教学活动的注意力 ··· 73
　　5.2.2 帮助学生建构新的数学知识结构 ··· 73
　　5.2.3 激发学生学习数学的兴趣,营造良好的课堂气氛 ····································· 73
　　5.2.4 为学生提供参与数学教学活动的机会 ··· 74
5.3 变化技能的应用原则 ·· 74
　　5.3.1 针对性原则 ··· 74
　　5.3.2 有效性原则 ··· 75
　　5.3.3 适度性原则 ··· 75
　　5.3.4 流畅性原则 ··· 76
5.4 变化技能的类型 ·· 76
　　5.4.1 教态的变化 ··· 76
　　5.4.2 信息传输通道及教学媒体的变化 ··· 79
　　5.4.3 师生相互作用的变化 ··· 82
5.5 实施策略 ·· 86
　　5.5.1 要针对不同的教学目标确立具体变化 ··· 86
　　5.5.2 要针对学生的能力、兴趣及认知水平选择变化技能 ·································· 86
　　5.5.3 变化技能之间,变化技能与其他技能之间的连接要自然流畅 ······················· 87
　　5.5.4 变化技能的应用要适时适度,不能过于夸张,表演痕迹切忌太重 ················· 88

第6章 几乎可以服务于无限目的的板书技能——论板书技能的运用与提升 ·· 89

6.1 板书技能的概念 ·· 90
6.2 板书技能的功能 ·· 90
　　6.2.1 凸显教学重点和难点,方便学生理解教材 ·· 90
　　6.2.2 揭示教材内在的联系,促进学生构建认知结构 ·· 91

　　　　6.2.3　加大信息刺激的强度，优化学习效率 …………………………………… 91
　　　　6.2.4　发展学生的抽象思维能力，启发学生的数学思维 …………………… 92
　　　　6.2.5　树立正确示范，促进形成良好的数学素养 ……………………………… 92
　6.3　板书技能的应用原则 …………………………………………………………… 93
　　　　6.3.1　目的性和针对性原则 …………………………………………………… 93
　　　　6.3.2　科学性和示范性原则 …………………………………………………… 93
　　　　6.3.3　系统性和条理性原则 …………………………………………………… 94
　　　　6.3.4　计划性和合理性原则 …………………………………………………… 95
　　　　6.3.5　多样性和灵活性原则 …………………………………………………… 95
　　　　6.3.6　启发性和艺术性原则 …………………………………………………… 96
　6.4　板书技能的类型 ………………………………………………………………… 97
　　　　6.4.1　提纲式板书 ……………………………………………………………… 97
　　　　6.4.2　过程式板书 ……………………………………………………………… 98
　　　　6.4.3　表格式板书 ……………………………………………………………… 99
　　　　6.4.4　对比式板书 ……………………………………………………………… 100
　　　　6.4.5　图示式板书 ……………………………………………………………… 101
　6.5　板书技能的实施策略 …………………………………………………………… 103
　　　　6.5.1　提纲挈领，条理清晰 …………………………………………………… 103
　　　　6.5.2　抓住要点，合理规划 …………………………………………………… 104
　　　　6.5.3　适时出示，突出重点 …………………………………………………… 104
　　　　6.5.4　书写端正，作图规范 …………………………………………………… 104
　　　　6.5.5　注意配合，增加效率 …………………………………………………… 105

第7章　教师之为教，不在于全盘授予，而在循序诱导——论提问技能的运用与提升 ……………………………………………………………………………… 106
　7.1　提问技能的概念 ………………………………………………………………… 106
　7.2　提问技能的功能 ………………………………………………………………… 107
　　　　7.2.1　吸引学生注意 …………………………………………………………… 107
　　　　7.2.2　增进情感交流 …………………………………………………………… 107
　　　　7.2.3　启迪思维活动 …………………………………………………………… 107
　　　　7.2.4　反馈调控教学 …………………………………………………………… 108
　7.3　提问技能的应用原则 …………………………………………………………… 108
　　　　7.3.1　有效性原则 ……………………………………………………………… 108
　　　　7.3.2　科学性原则 ……………………………………………………………… 110
　　　　7.3.3　层次性原则 ……………………………………………………………… 112
　　　　7.3.4　主体性原则 ……………………………………………………………… 113

7.4 提问技能的类型 113
    7.4.1 指导学生进行有效练习的提问 114
    7.4.2 组织学生注意定向、集中和转移的提问 115
    7.4.3 启发学生掌握知识关键和本质的提问 116
    7.4.4 引导学生进行推理、归纳、概括的提问 119

7.5 提问技能的实施策略 121
    7.5.1 提问要精准，明确数学课堂提问的针对性和导向性 121
    7.5.2 把握数学课堂提问的难度 121
    7.5.3 瞄准数学课堂提问的时机 121
    7.5.4 把握三"适"，重点突出 123
    7.5.5 设置从学生实际出发的问题情境 124
    7.5.6 设置符合学生认知规律的问题情境 124
    7.5.7 设置具有层次性的问题情境 125
    7.5.8 提问要灵活处理，留空思考 125
    7.5.9 提问后的有效性评价 126

第8章 传道、授业、解惑——论讲解技能的运用与提升 127

8.1 讲解技能的概念 128

8.2 讲解技能的功能 129
    8.2.1 传授知识，使学生了解、理解、记忆和掌握所学的知识 129
    8.2.2 培养数学思维，渗透创新意识 129
    8.2.3 疑处解疑地引发学习兴趣 130

8.3 讲解技能的应用原则 131
    8.3.1 目的性原则 131
    8.3.2 准确性与科学性相统一 132
    8.3.3 主体性与启发性原则 132
    8.3.4 生动性和艺术性原则 133

8.4 讲解技能的类型 133
    8.4.1 定义式讲解 133
    8.4.2 对比解释式讲解 135
    8.4.3 描述式讲解 137
    8.4.4 探究式讲解 139
    8.4.5 类比推理式讲解 141

8.5 讲解技能的实施策略 143
    8.5.1 语言表达清晰，语速适当，抑扬顿挫 143
    8.5.2 言简意赅，语言准确、生动、流畅 143

- 8.5.3 教态自如，面向全体 ·· 144
- 8.5.4 内容正确，论述充分，方法得当 ··································· 144
- 8.5.5 条理性好，逻辑性强，重点突出 ··································· 144
- 8.5.6 与板书技能、提问技能配合使用 ··································· 144
- 8.5.7 注重启发、反馈与沟通 ·· 145

第9章 一个形成条件反射的关键变量——论强化技能的运用与提升 ········ 146
9.1 强化技能的概念 ·· 146
- 9.1.1 提供机会 ·· 147
- 9.1.2 做出判断 ·· 147
- 9.1.3 表明态度 ·· 147
- 9.1.4 提供线索 ·· 148

9.2 强化技能的功能 ·· 148
- 9.2.1 课堂组织方面 ·· 148
- 9.2.2 学生学习方面 ·· 148

9.3 强化技能的应用原则 ·· 149
- 9.3.1 多样性原则 ·· 149
- 9.3.2 个性化原则 ·· 149
- 9.3.3 恰当性原则 ·· 150
- 9.3.4 灵活运用即时强化与滞后强化原则 ································ 150
- 9.3.5 善于对正确部分进行正面强化原则 ································ 150
- 9.3.6 引发学生间的激励原则 ··· 150

9.4 强化技能的类型 ·· 150
- 9.4.1 语言强化 ·· 151
- 9.4.2 非语言强化 ·· 153
- 9.4.3 活动强化 ·· 155
- 9.4.4 提问强化 ·· 156
- 9.4.5 延迟强化 ·· 157

9.5 强化技能的实施策略 ·· 158
- 9.5.1 要明确强化目的，切忌强化对象不具体 ···························· 158
- 9.5.2 要变化多样，切忌强化手段单一 ································· 158
- 9.5.3 要突出强化的正面效应，努力做到准确有效 ······················· 159
- 9.5.4 要态度真实、可信，切忌夸大、虚伪 ····························· 159
- 9.5.5 要把握好强化的时机，切忌过于急切与频繁 ······················· 159
- 9.5.6 要根据不同的情况，精心挑选恰当的强化物 ······················· 160

9.5.7 选择的强化方式要适合学生的特点 ………………………………… 160
9.5.8 要注意强化差生的微小进步 ………………………………………… 160

第 10 章 一堂课中情感共鸣的最后一个音符——论结束技能的运用与提升 ……… 161

10.1 结束技能的概念 …………………………………………………………… 161
10.2 结束技能的功能 …………………………………………………………… 162
10.2.1 启发思维，引导学生自主探索 ……………………………………… 162
10.2.2 承前启后，架起新旧知识的桥梁 …………………………………… 162
10.2.3 总结归纳，形成系统的知识结构 …………………………………… 163
10.2.4 突出重点，强化巩固记忆 …………………………………………… 163
10.2.5 设计练习，及时进行巩固反馈 ……………………………………… 163
10.3 结束技能的应用原则 ……………………………………………………… 164
10.3.1 即时性原则 …………………………………………………………… 164
10.3.2 针对性原则 …………………………………………………………… 164
10.3.3 系统性原则 …………………………………………………………… 164
10.3.4 实践性原则 …………………………………………………………… 165
10.3.5 迁移性原则 …………………………………………………………… 165
10.3.6 适当性原则 …………………………………………………………… 165
10.4 结束技能的类型 …………………………………………………………… 166
10.4.1 趣味结束法 …………………………………………………………… 166
10.4.2 系统总结法 …………………………………………………………… 167
10.4.3 拓展延伸法 …………………………………………………………… 168
10.4.4 比较法 ………………………………………………………………… 168
10.4.5 悬念启下法 …………………………………………………………… 169
10.4.6 提问法 ………………………………………………………………… 170
10.5 结束技能的实施策略 ……………………………………………………… 171
10.5.1 结束要注意做到水到渠成、自然妥帖 ……………………………… 171
10.5.2 结束要注意做到结构完整、首尾照应 ……………………………… 172
10.5.3 结束要注意做到语言精练、紧扣中心 ……………………………… 172
10.5.4 结束要注意做到内外沟通、立疑开拓 ……………………………… 172

参考文献 ………………………………………………………………………………… 174

后记 ……………………………………………………………………………………… 175

第 1 章　数学微格教学概述

在众多的学科中，语文因兼具人文性与工具性的学科特点，在新课程改革中备受关注，各路专家学者提出了各种不同的语文教学思想。而长期以来，对数学并没有做出很好的学科定位。事实上，数学学科同样承担着促进学生的心智与技能发展的重任，因而，数学学科在新一轮的课程改革中更需引起人们的关注。尤其在数学教学方面，数学教师能否掌握教学技能，正确运用专业知识和教育理论，促进学生学习数学，直接影响到教学质量的好坏。

1.1　数学教学技能

从整个教学活动系统上看，教学技能是教师面临教学情境时直接表现出来的一系列具体的且具有一定的操作程序和规则要求的教学行为。可以说，它是教师将所掌握的教学理论转向教学实践的中介环节，对教师提高教学质量、完成教学任务、增强教学能力、实现教学创新等都具有十分重要的意义。

教学技能的种类繁多，其分类的科学程度，既反映着对教学过程认识的深度，又决定着技能训练的效果。为了便于对教学的深入研究，明确培训目的，提供示范，本书根据普遍性、决定性、可观察性、可操作性和可测量性原则，从教学环节、教学方法、教学手段、教学控制的角度将教学技能分成 9 类，即导入技能、语言技能、演示技能、变化技能、板书技能、提问技能、讲解技能、强化技能和结束技能。

1.1.1　导入技能

导入技能是教师在进入新课题时，通过建立问题情境，引起学生注意，激发其学习兴趣，使其明确学习目标，形成学习动机与建立知识间联系的一类教学行为。

导入的目的在于激发学生学习的积极性和求知欲。教师若想在短时间内，使所有的学生都集中思想和注意力，投入到对新知识的学习中，需要在全面了解学生已有认知结构的基础上，选择恰当的方式进行激活，使学生在有趣、有疑、有乐、有劲的状态下学习，使其大脑处于"待机"状态。

在数学课堂教学中，教师的导入应紧扣教学目标和知识间的联系。鉴于数学具有完整的学科体系,在教学中应注意学科的系统性,把握好导入的契机,导入方式可因讲解的内容而异。其主要的原则有三个。第一,整体性原则。数学教学不仅要重视新旧知识点的前后衔接,更要强调知识模式的结构和内化,要以数学认知结构为主体,通过数学知识模式的构建,形成关于教师、学生、知识的整体系统。而在这个系统中,导入是一个关键点。第二,趣味性原则。正如教育家巴班斯基所说,一堂课之所以必须有趣味性,并非为了引起笑声或耗费精力,趣味性应该使课堂上学生掌握所学材料的认识活动积极化。对此,教师要根据学生的年龄特征和学习心理状态,结合数学学科的特点,趣味性地导入新课,引起学生的注意。数学源于生活,故教师可多选用日常生活中的事物导入,如在讲授"圆台的侧面积计算公式"时,可通过工匠下料的问题引入:某工匠欲制造一个铁皮水桶,其上口径为30cm,下口径为20cm,高为25cm,请问需要多少材料?水桶虽为学生们经常接触的生活用具,但通常不会去想如何计算它的表面积,从而使其产生认知冲突,激发探求的兴趣。此外,各种历史典故、名人轶事、问题悬念也都能在数学教师的精心组织和设计下,成为沟通教师与学生之间情感交流的媒介,成为引出抽象数学问题的导线。第三,启发性原则。教师可以采用启发诱导的方式导入新课,激发学生积极的思维活动,这也正是课堂教学成功的关键。教师要仔细研究,有针对性地选择素材来导入新知识,有效地启发学生对新知识的热切探求。鉴于数学学科特点的要求,数学课程的导入一定要注意选材的直观性、通俗性、新旧知识的衔接性等问题,这样才能吸引学生的注意力,完善学生的数学认知结构。

俗话说"好的开始是成功的一半",若把课堂比做舞台,那么教学过程开始的导入环节就像整台戏的序幕,安排得体的导入设计能牵引整个教学过程,最终收获先声夺人的效果。

1.1.2 语言技能

基本教学行为是教学语言技能的构成要素,包括:言语行为,即教学口语,如语音和吐字、音量和语速、语气和节奏、语调和语汇等;非言语行为,即态势语,如身姿语、手势语、表情语、目光语、空间距离语、服饰语等。

在大部分学生眼中,数学是一直与定理、法则、记忆、运算、冷峻、机械等词语联系在一起的,尤其在遇到一些艰涩难懂的地方,即便是教师讲解过,也仍觉得像无字天书般难学难懂、枯燥乏味。事实上,造成这一现象的原因是多方面的,其中与部分教师照本宣科,一味注重数学知识的传递,而未能利用科学、简洁的语言表达方式为学生打好坚实的知识理解基础有很大关联。

数学是研究数量关系和空间形式的科学,数量关系和空间形式的表达离不开语言这一重要载体,而数学语言往往相对简洁、抽象、概括、直观,这便需要通过数学教师的课堂教学语言来加以体现。数学中的每个概念都有确切的含义,每个定理都有确定的条件制约其结论,因此,在教学中,教师要力求做到用词准确、叙述精练、前后连贯、逻辑性强,避免用日常用语代替数学专业术语,也不要贪图说话方便而以简略的词语代替完整的语句,导致遗漏概念和定理的重要条件,造成学生印象模糊,不能很好地领会教师所讲内容,甚至造成错误理解。

诚然,语言是教学信息的重要传播手段,而对于数学教师而言,掌握必要的教学语言技能,运用科学、简洁的表达方式正是数学学科对教师教学的首要要求。

1.1.3 演示技能

演示技能是教师运用实物、样品、标本、模型、图表、幻灯片、影片和录像等进行实际表演和示范操作,为学生提供感性材料,指导学生通过观察、分析、归纳和实际操作等方式,使其获得知识,培养其观察、思维、操作能力的一类教学行为。

演示技能在数学教学中同样起着不容小觑的作用。

首先,演示技能可以为理性认识提供直观感知。在数学教学中,为了使学生准确地掌握基本概念和原理,夯实所学知识,教师可按照感知活动的规律和特点,通过教具、音像等演示,为学生提供丰富的感性材料,引导其运用不同的感官,从不同的角度,认真观察和动手操作,帮助其建立感性认识与理性认识的联系,使抽象难懂的知识变得直观形象,易于理解。

其次,演示技能还可以培养学生的观察和思维能力。观察法是人们通过视觉获取信息,运用思维辨认其形式、结构和数量关系,从而发现某些规律或性质的方法。尽管观察法是最原始、最基本的方法,但却是进行数学思维所必需的、首要的方法。就数学的基础而言,公理就是通过观察事物的运动变化而抽象概括出来的。因此,在数学课堂教学中,教师通过教具来启发和指导学生,培养学生观察分析能力,使其学会全面、辩证地认识问题,使其思维能力得到发展。

最后,演示技能还可以深化学生对知识的理解。教师生动形象的直观演示,能引起学生强烈的求知欲,集中学生的注意力,使其较快地领悟并掌握新知识和新概念。例如,学生容易把握对顶角的一大特征——具有公共顶点,但却往往容易忽略它的另一重要特征——其中一个角的两边是另一个角的两边的反向延长线。对此,教师在教学中,可制作一个活动的对顶角模型,先将两个角放在顶点的两侧,然后转动其中一个角的两边,使它们分别成为另一个角的两边的反向延长线,从而构成对顶角模型。通过观看教师演示,学生会在脑海中形成清晰、深刻的印象,就不会再忽略对顶角的这一重要特征了。

1.1.4　变化技能

学生的注意力是在学习过程中形成的，教师讲课时声调抑扬顿挫、演示所呈现的鲜明现象，以及教学方式灵活多样等，都可以引起学生的无意注意，使其注意力集中于教师的教学。而当讲到重点、难点及关键处时，教师可加以强调和提醒，唤起学生的有意注意，使其注意有明确的指向。然而，在课堂上，学生单靠无意注意是无法顺利完成学习任务的，但若过分要求其依靠有意注意来学习，又易引起学习疲劳。因此，在略显冷峻的数学教学过程中，教师应当运用变化技能，使学生的有意注意和无意注意有节奏地转换，以激发并保持其对教学活动的注意。

再者，根据启发式教学的特点，教师应该调动学生参与教学活动的积极性。鉴于学生的认识水平和学习能力存在差异，教师呈现给学生的教学内容是否能够引起学生的思考和反应直接影响学生参与教学的主动程度。教师在向学生传递教学信息时，应运用变化技能，有针对性地采取不同的表达方式，让学生较顺利地接受信息，进行思考并做出反应。例如，引导学生分析"一元二次不等式 $ax^2+bx+c>0\,(a\neq 0)$ 的解集为全部实数的条件"时，对学习能力较好的学生可以只用语言提问，而对学习能力较差的学生则可以用二次函数 $y=ax^2+bx+c$ 的图像来启发思考。

另外，变化技能的运用还是教师教学个性与风格的主要因素之一。教师运用变化技能可以使课堂充满生气，既能显示出教师的学识和能力，又能体现其循循善诱、诲人不倦的师德，还有利于师生间的情感交流，形成愉快、和谐的课堂氛围。

1.1.5　板书技能

板书是教师在理解教材的基础上，对教材内容的高度提炼，是教师教学和学生获取知识的思路图，是课堂教学的一个重要环节。板书不仅可以概括教师上课时讲授的内容，补充教师口头语言的不足，还有具体性与形象性的特点，可以帮助学生深入理解和牢固掌握教材的重点，突破教学难点。而这一点在数学教学过程中显得尤为必要。

众所周知，数学是一门经常与方法打交道的学科，教师适当的板书演算其效果往往要比单纯的语言讲授事半功倍。例如，讲授"小数点位置移动引起小数大小的变化"时，教师可以提出问题——把 0.004m 的小数点向右移动 1 位、2 位、3 位……，小数的大小有什么变化？这时倘若教师单靠语言表达进行讲解，很难讲解清楚，而行之有效的方法便是结合板书教学。教师可以借助板书，逐渐移动小数点位置引起小数大小的变化，引导学生对例证做整体观察：小数点向右移动 1 位，从 0.004m 到 0.04m，原来的 4mm 变成 40mm，扩大了 10 倍；小数点向右移动 2 位，从 0.004m 到 0.4m，原来的 4mm 变成 400mm，扩大了 100 倍。仿此进行，让学生得出：小数点向右移动 1 位、2 位、3 位……，原来的数就扩大 10 倍、100 倍、1000 倍……。然后教师提出新问题："怎样才能得出小数点向左移动时小数大小变化的规律？"学生运用逆向思维和类比思想找到变化规律，教师在学生回答时逐一将其板书并补充完整。这一教学过程，引导学生对例证的板书进行观察、比较、抽象、概括等，从特殊到一般归纳出知识的结论，促进学生思维能力的发展。

始终展现于黑板之上的教学板书不仅能够使学生边听、边看、边想、边记，使多种感官参与活动，在观察中比较、分析、综合、抽象和概括，形成一定的思维模式，还能让学生学会如何抓要点、重点、难点，如何进行归纳、总结、论证、说明等学习方法，掌握必要的学习技巧，为进一步提高学习能力奠定基础。另外，严谨美观的板书还能让冷峻严肃的数学课堂变得赏心悦目，给学生带来艺术美和科学美的享受，进而激发学生学习的兴趣，帮助其完成知识的构建。因此，一堂完整的数学课，少不了板书这支"点睛"之笔。教师掌握板书技能的重要性不言而喻。

1.1.6 提问技能

当前，教师不够重视课堂提问是数学教学中普遍存在的问题，具体表现为其提问目的不够明确、提问方式随心所欲，最终导致提问效果不尽人意。事实上，数学课堂教学是教师与学生双方共同设疑、释疑、解疑的过程，是以解决问题为核心开展的，提问是其中一个基本环节，是实现师生相互交流，提高教学质量的重要步骤，应该得到教师们充分的重视。

教师通过提问，可以强化知识的传播，客观评价学生的学习情况，调节课堂教学的进程，沟通教师与学生之间的情感。换言之，提问技能具有反馈、评价、激励、强化、调控等多项功能。

然而，教师运用提问技能时应遵循有效性、科学性、层次性和整体性的原则，要尽量避免"是不是？""对不对？"等无效的提问，含糊不清、模棱两可、答案不确定或超出学生认知水平的提问，以及层次混乱或置多数学生于不顾而形成"一对一"问答场面的提问。

课堂提问还有许多实施要点需要注意。首先，教师的提问要有"序"。教师在设计问题时，要按照课程的逻辑顺序，考虑学生的认识顺序，循序而问，步步深入。前后颠倒、信口提问，只会扰乱学生的思维。其次，提问的内容要有"度"。浅显随意的提问提不起学生思考的兴趣，随声附和的回答并不能反映学生思维的深度，但超前的深奥提问又会使学生不知所云，难以形成思维的力度。只有适度的提问、恰当的深度，才能引发学生的认知冲突。例如，让学生"叙述正多边形

的定义",这样设问似乎过于简单直接,但倘若将其改为要学生指出下面四个命题中真命题的个数:

① 各角相等的圆内接多边形是正多边形;
② 各边相等的圆内接多边形是正多边形;
③ 各角相等的圆外切多边形是正多边形;
④ 各边相等的圆外切多边形是正多边形。

学生可以通过对各命题的认真思考,加深对正多边形的理解。再次,提问语言要有启发性。数学语言有严谨、简洁,形式符号化的特点,教师的提问语言既要体现数学语言这一特点,又要结合学生的认知特点,用自然语言准确、精练地表达。若用符号语言提问,则要辅以适当的解释。最后,提问还要注意把握好时机,要给学生一定的思考时间,并对学生的回答做出及时的回应。新课之前的复习性提问有助于学生回忆旧知识,引入新课时的启发性提问可以创设情境,重要结论导出过程中的归纳性提问有助于学生发现规律,知识应用过程中的分析性提问有助于学生巩固知识、打开思路。提出问题后,教师做适当的停顿便于学生思考,待学生答完问题后再稍微停顿数秒,几秒钟的等待可体现出学生的主体地位,不可忽视。而对于学生的回答,教师及时做出或肯定、或否定、或追问的回应则可强化提问的效果。

1.1.7　讲解技能

数学是以数或式的运算,定理、公式的推证为主的学科,其教学手段和方式多以教师的讲解为主。然而数学的讲解多以符号语言为载体,其实质在于揭示知识结构及要素,阐述数学概念的内涵和外延,以便学生理解、接受、保持、记忆,掌握和运用数学知识。因此,数学的讲解技能要求教师运用严谨的逻辑结构和准确、精练的教学语言教学,必要时附以计算、推演和图形绘制等。

讲解具有信息单向性传递的特点,因此,根据教师的讲授方式进行分类更易于说明讲解的基本类型。根据教师的讲授方式可将讲解分为 5 类:用于传授事实性知识(如概念定义、题目分析、公理说明等)的解释型讲解;用于事实陈述、概念描述和结论阐述的描述型讲解;用于运用分析、综合、归纳、演绎、类比等逻辑方法对数学问题进行推理论述的推论型讲解;用于对已有的结论提供证据,进行推理的证明型讲解;用于对知识内容进行提炼概括、归纳小结式的总结型讲解。当然,无论是哪一种讲解都离不开语言这一重要媒介。讲解的语言与日常说话不同,要运用准确、精练的数学语言和符号语言完整地表达所要讲授的内容。倘若讲解时遇到难点和关键处,教师要给予学生必要的提示和适当的停顿和重复,以引起学生注意并帮助其记忆。与此同时,教师还应注意讲解的阶段性。若讲解的内容过多,要将其适当分段,防止冗长单调的刺激造成学生的学习疲劳。

教师的讲解既能够使学生了解、理解和初步掌握数学知识，形成初步印象并保持和记忆，又能通过剖析数学知识的来源、形成和结构，启发学生思维（尽管启发学生思维的方法有很多，但数学教师最常用的还是讲解），增强学生的数学思维能力和解决问题的本领。另外，生动有趣、深入浅出的讲解还可以吸引学生的注意力，激起其学习数学的兴趣。因此，讲解是教师数学教学中必不可少的技能。

1.1.8 强化技能

从心理学家桑代克的"猫开笼"实验和斯金纳的"食物刺激小白鼠"实验得出的学习理论来看，有效的学习是强化的过程。教师在课堂教学中，应该注意运用强化技能，不断强化学生的学习动机，激发学生学习数学的兴趣。教师的肯定或奖励能对学生产生外强化作用，使学生在物质上或心理上得到满足，而教师帮助学生克服学习困难，对学生产生内强化作用，使学生体验到获得成功的喜悦。

强化技能的类型主要有语言强化、练习强化、动作强化和活动强化。

众所周知，语言是传递信息最主要、最直接的渠道。语言的重复和停顿、语音的强弱、语调的轻重都具有一定的强化功能，尤其是教师通过语言对学生提出明确的学习要求时，会使学生产生强烈的学习动机，并自主地学习。如教师在讲授"指数函数的图像和性质"时，可先向学生提出记忆要求，促使学生自主强化记忆。待学生提出某些难记易混的性质并加以讨论后，教师再用精简易懂的语言加以概括，帮助学生抓住记忆的关键，找出记忆的规律，减轻学生短时间记忆的压力。

从提高学生的学习效果上看，练习是教师在课堂教学中最有效的强化手段。尤其是在对于帮助学生获得数学技能方面，如果说学习数学知识是在解决懂与不懂的问题，那么学习数学技能就是在解决会与不会、熟与不熟的问题。对于教师而言，仅让学生听懂课上的知识是不够的，还应通过有意识的练习活动对知识加以巩固，才能使学生将所学经验变成自己的财富，实现"会"与"熟"的目标。然而，练习不同于机械重复，过多简单重复的练习只会加重学生的作业负担，产生厌烦心理。要想达到较好的练习效果，教师应做到：有针对性地布置练习，练习的量和次数要适度，以多样化的练习来提高学生的学习兴趣，并对练习结果做出及时的反馈。

在教学过程中，教师的动作是引起学生注意的刺激物之一。教师能恰当地运用动作来对学生施以刺激，可以恰当、巧妙地运用眼神与学生进行心灵上的交流，表达自己内在丰富的思想感情，或眉头紧锁做思索状，或眉开眼笑做赞许状，或目光紧锁以示警惕，或目光柔和以表鼓励；还可以借助恰当的手势辅助口头语言，增强语言的形象感和说服力，如在讲授函数的增减性时，可以右手适时上摆和下摆，函数的增减性概念就一目了然了。

教学过程不仅包含教师讲授的过程，还包含学生学习的过程。教师在这一过程中起引导的作用，使学生在教学过程中的主体意识不断增强。教师应在引起学生的认识需要之后，引导学生自己研究、探索、寻求达到目的的新方式和新手段，使学生的思维活动处于一种积极的状态。

事实证明，教师在教学过程中，以正确的教学理论为指导，遵循教育科学规律，重视情感因素、问题情境、内部动机对学生学习的作用，努力使学生产生对学习的渴望，并及时对学生的学习效果做出评价，不仅可以调整学生的认知行为，还可以使其在情感上产生积极的效果。因此，教师在数学课堂教学中，要十分注意强化技能的运用。

1.1.9 结束技能

结束技能是教师对教学活动进行归纳、总结、转化，及时系统化地巩固和运用所讲授的知识和技能，使新知识有效地纳入学生原有的知识结构中的教学行为。将这项技能运用于课堂教学，既可以及时反馈教与学的效果，使学生品尝到掌握新知识的喜悦，又可以通过设置悬念，促使学生展开深刻的思维活动。

纵观许多数学新教师的教学现状，不乏存在重视导入的设计，而相对忽视结尾的安排，导致"虎头蛇尾"，影响整个教学效果的现象。事实上，数学是一门逻辑性强，前后连贯有序的学科，教师更应该在新知识讲授结束时，及时运用结束技能做好总结、复习、巩固的工作。

教师在实施结束技能时，一方面，要考虑总结的及时性和结束语言的精练性。记忆是一个由瞬间记忆到短期记忆，再到长期记忆，不断巩固的转化过程，而实现这个转化过程的最基本手段就是及时小结和周期性地复习。教师要紧密结合教学内容和教学目的，突出重点和知识结构，针对学生的知识掌握情况及课堂教学情况等，运用精练且便于学生记忆、检索和运用的结束语言帮助学生对所学知识作及时归纳，并转化为自己的知识储备。另一方面，总结还应具有概括性、联系性和启发性。

在某一阶段内容的教学结束时，教师应概括本章或本学科知识的结构，强调重要概念、定理、公式的内容和规律，精心加工得出系统、简约、有效的知识网络，帮助学生了解概念、定理的来龙去脉，为学生揭示知识间的内在联系，使数学知识在其头脑中形成相应的知识网络，使所学知识融会贯通。鉴于数学中的定理、法则、公式等内容之间存在着各种各样的联系，教师在进行小结时，应该根据知识之间的相互联系将其进行对比归类。例如，在揭示特殊和一般关系的材料、内容相似或相近的材料的特征时，可采用对比归类法，如余弦定理与勾股定理，分式的运算性质与分数的运算性质等，一经对比，其异同点便清晰可见，易于学生记忆；对于一些具有因果关系、相反关系的材料，可采用联想归类法，如绝对值的一些性质与算术根的一些性质，排列与组合的知识等都可以联系在一起小结，既方便学生记忆新知识，又有利于学生巩固旧知识；而对于一些从属关系、并列关系的教学内容，则可采用分类小结法，如平行四边形的性质、特殊的平行四边形的性质及梯形的性质等，既有明确区别，又有确凿联系，环环相扣，层层推进，帮助学生建立牢固的知识网络。

如果说巧妙的新课导入能引起学生的学习兴趣，调动其思维的积极性和主动性，那么恰到好处的课堂小结则能起到画龙点睛、承上启下的作用，在给学生留下深刻印象的同时，也激起了他们对下次课的期待。

综上可见，课堂教学是一个极其复杂的过程，教师仅仅掌握理论知识还远远不够，更重要的是要用理论来指导实践。教师对各种技能的掌握与否直接影响教学质量和学生学习效果的好坏。只有较好地掌握课堂教学技能，才能提高自身的经验积累和教学水平，才能根据不同的环境和情况，灵活地运用各种教学技能以激发学生学习兴趣和动机，引导学生掌握学科知识，形成能力和智力的发展，为顺利完成学习任务，达到教学目标要求创造有利条件。教师真正掌握课堂教学技能的方法是反复实践，只有这样才能实现课堂教学技能的最优化效果。因此，在我国现阶段的基础教育改革与发展之下，要求师范生有目的、有计划地训练课堂教学技能，努力把教育理论知识和学科专业知识有效地转化为具体的课堂教学能力，以便未来更快、更好地胜任教学工作。

1.2 微格教学

1958 年美国掀起的教育改革运动，也涉及教师教育的领域。为了适应现代社会的要求与教育革新的步伐，需要把重点放在理论与实践的统一过程和教师的各种技能的训练上，并主张以现代科学技术的应用推进教师培训工作。

1963 年，美国斯坦福大学的阿伦（D. Allen）和他的同事，对"角色扮演"（相当于我国师范生教育实习前的试讲）进行改造。他们先将复杂的教学过程中的各种教学技能进行科学的分类，再对受训者进行不同的教学技能单独训练；并对受训者的教学行为进行分析、反馈和评价；通过对每一种技能的训练，经逐步完善，形成微格教学课程。

20 世纪 70 年代英国诺丁汉大学的乔治·布朗（G. Brown），将微格教学改进，提出备课、感知（指师生相互作用的反馈信息的感知）、执教为微格教学的三个要素。在英国有 90%以上的教师培训院校开设了微格教学课程。师范生经培训后，再到中学进行教育实习。

20 世纪 70 年代初,澳大利亚悉尼大学积极采用并开设微格教学课程。1972 年,《悉尼基本教学技能》第一分册出版,全书(共五个分册)于 1978 年出齐。此书在世界各地都得到了认可。

我国自 20 世纪 80 年代中期引进微格教学培训教师,到现在已发展成有相当数量懂微格教学的院校领导、教师和电教人员的队伍。微格教学的实践活动在全国教育学院系统和某些师范院校中得到了开展,并取得了令人信服的明显效果。

1.2.1 微格教学的概念

顾名思义,微格教学的"微",是段型、片段及小步的意思;"格"摘自"格物致知",是推究、探讨及变革的意思,这里是指分类研究教学行为的规律,从而掌握教学技能。

微格教学的创始人之一阿伦认为,微格教学是一个有控制的实习系统,它使师范生有可能集中解决某一特定的教学行为,或在有控制的条件下进行学习。乔治·布朗认为,微格教学是一个简化的、细分的教学,易于师范生掌握。

总之,微格教学是一个以现代教育理论为指导,应用现代视听技术的有控制的实践系统。在理解微格教学的含义时,首先,要明确它是以认识论、现代教育理论、教育心理学和学科教学论为理论依据;其次,它应用现代视听技术手段进行教学行为的即时反馈,从而使这一可控的教学系统具有先进性和实效性;再次,它是一个实践性、操作性极强的教学实践系统;最后,它的功能是培训教师和师范生的教学技能。

1.2.2 微格教学的理论依据

1. 以系统的思想为指导研究培训教学技能

教学过程是复杂的,是由许多环节和师生许多具体活动而构成的一个整体。因此,教学是一个系统,教学过程是一个系统的运行过程。教学技能是教学系统的基本构成要素,要使课堂教学达到优化,实现教学的总体目标,首先要优化每一个教学技能,然后再把它们有机地组合起来,相互作用而形成教学的整体。

2. 示范为受训者提供信息及模仿的样板

示范是对事实、观念、过程形象化的解释。通过实际动作、电视等进行演示,来说明某件事是如何进行的,以便使受训者学会应该如何去做。在微格教学培训中,为受训者提供多种风格的教学示范,辅以对各种技能的说明,使其获得直接的感受,有了模仿的模板。

3. 技能训练是掌握复杂活动的途径

微格教学训练包括心智技能训练和动作技能训练两个方面。它的外部物质活动是以讲解、角色扮演、录像示范等为支柱而进行的,通过观察使受训者形成对活动过程和效果的感知。在准备教学和实际训练中,再以此为基础进行各种语言阶段的心智技能训练。根据动作技能和心智技能形成过程具有不同阶段性的特点,在微格教学训练中可分技能、分阶段逐步进行,当受训者将每一个技能都掌握以后再把它们综合起来,形成较为完善的课堂教学能力。

4. 直接的反馈对改变受训者的行为有重要作用

反馈是控制的基本方法和过程,其目的是使受训者知道以往的活动或过程的结果,并以此调节下一步活动的过程,实现所要达到的目的。其同时具有两个条件,一是准确性,二是及时性。反馈对于达到一定目的具有重要的作用。微格教学就是要为受训者在教学技能训练时提供及时、准确、自我反馈的刺激,帮助其较好地形成教学技能。

5. 定性分析与定量评价相结合,有利于受训者改进和提高

微格教学的评价,有自我分析、小组分析、与指导教师分析相结合的定性分析评价,也有按照一定评价标准制定的评价量表的定量分析,以量化的结果说明在哪些指标上还存在问题,以及技能整体所达到的程度。两种评价相结合有利于受训者改进和提高,完善自己的教学技能。

1.2.3 微格教学的特点

微格教学之所以有生命力,并产生了明显的效果,是因为它具有下述特点。

1. 真实集中

微格教学只用较短的时间,面对几位扮演学生的其他受训者执教,模拟课堂上进行的教学。受训者必须定好教学目标,以明确单位时间的具体目的;随教学的进程,设计提问、演示、讲授、活动等教学行为;预想学生观察、回忆、回答等学习行为;根据教材内容和学生知识水平与智能发展,真实地施教,体验登台授课的真情实景。

在规定的时间内集中训练一两个特定的教学技能(如导入技能、提问技能),并且把某一技能的细节加以放大,反复练习,再做细微观察,在评议中鼓励提出新见解。这种训练,容易收到预期的效果。

2. 目标明确

微格教学所用时间短和"学生"人数少,只集中训练某一种教学技能,所以,

训练目标明确。同时，练习的教学情境及条件较易控制，为培训目标的实现创造了条件。

3. 反馈及时

技能培训效果好坏的关键在于反馈是否及时和有效。教学过程的音像可"全息"性录制并重放，为教学技能的研究提供了鲜活的现场资料，可将教学行为中的"瑕疵"表露无遗，可逐步细微地观察和剖析受训者的语言、行为。受训者可以作为"第三者"来观察自己的教学活动，以收到"旁观者清"的效果，产生所谓"镜像效应"。这种反馈与仅凭自我回忆和他人评说是截然不同的。

4. 评价准确

评价是依据一定的目标、需要、愿望为准绳的价值判断过程。微格教学的评价，是将每项教学技能，列出若干具体的、可测量的具有行为化和操作化的指标，这些系统而紧密相连的指标，能反映某项教学技能的整体目标。以评价指标为检查质量的尺度，使更多受训者的教学技能向指标靠拢。利用评价单（列有指标与各指标的权重）的定量分析与指导教师的定性分析相结合，可以弥补单一使用这两种评价手段的不足。定性与定量的结合，既提高了评价的准确度，又不致因分析过细而忽略教学的整体性和艺术性。这种可执行性强的评价，能为教学方案的决策提供丰富的有效信息。

5. 互帮互学

微格教学以 10 位左右受训者与指导教师组成一组，受训者轮流主讲，集体观看、讨论和评价。指导教师结合教学理论、教学实际进行教学技能运用的评说。受训者可重新修改自己的教学行为。如此训练，发挥了集体智慧，受训者的教学技能的提高是迅速而扎实的。

1.2.4 微格教学教案编写

在微格教学中，教案的编写是教师的一项重要工作，它是根据教学理论、教学技能、教学手段，并结合学生实际，把知识正确地传授给学生的准备过程。微格教学教案的产生是建立在微格教学设计基础之上的，以"设计"作指导，具体编写微格教学的计划。

1. 微格教学教案编写的内容和要求

（1）确定教学目标。技能训练应该达到什么要求，培养学生哪些能力，既是教师的教学目标，又是学生的学习目标。因此，在制定教学目标时，要准确、客观、具体、明确，既便于实现，又便于检查。

(2) 设计教学过程。要求教师把教学过程中的主要教学行为,以及要讲授的内容、准备提出的问题、列举的实例、准备做的演示或实验、课堂练习题、师生的活动等,都一一编写在教案内。

(3) 标明教学技能。在实践过程中,每处应当运用哪种教学技能,在教案中都应予以标明。当有的地方需要运用多种教学技能,应选其针对性最强的主要技能进行标明。标明教学技能是微格教学教案编写的最大特点,它要求教师感知教学技能、识别教学技能、应用教学技能,突出体现微格教学以培训教学技能为中心的宗旨。不要认为把教学技能经过组合就是课堂设计,而要根据教学目标研究课堂中各个场合各种技能的运用。

(4) 预测学生行为。在课堂教学设计中,对学生的行为要进行预测,这些行为包括学生的观察、回答、活动等各个方面,应尽量注明在教案之中,它体现了教师引导学生学习的认知策略。

(5) 准备教学媒体。教学中需要使用的教具、幻灯片、录音、图表、标本、实物等各种教学媒体,应按照教学流程中的顺序加以注明,以便随时使用。

(6) 分配教学时间。在实践过程中,教师行为和学生行为预计需要多少时间,在教案中也应注明清楚,以便有效地控制教学进程和教学行为。

2. 微格教学教案的编写格式(表1-1)

表 1-1

学科:　　　　执教者:　　　　年级:　　　　日期:　　　　指导教师:

教学课题				
教学目标	1. 2. 3.			
技能目标	1. 2. 3.			
时间分配	教师教学行为 (包括讲授、提问、演示等)	应用的 教学技能	学生学习行为 (包括预想的回答等)	需要准备的 视听教具等

3. 微格教学教案的审阅和批改

当受训者写好微格教学的教案以后,指导教师必须进行审阅和批改,这不仅对师范生是十分必要的,对具有一定教学经验的在职教师也是必不可少的。审阅和批改教案是指导教师的一项重要工作。

(1) 教师批阅教案。重点查阅编写的教案是否规范、是否符合微格教学教案编写的有关要求,特别是要检查教学技能是否运用恰当,教学行为是否控制得当。不妥之处,指导教师可直接修改,也可要求受训者自己修改。

（2）分组讨论教案。受训者分组讨论并交流各自编写的教案，可以相互得到启发，取长补短，有利于提高教学行为、技能的识别和评价意识，从而更好地修改和完善自己编写的教案。

（3）教师审定教案。首先要求受训者把教案修订规整，然后由指导教师审定。指导教师在审定教案时，除了上述要求外，还要审定教案是否便于讲授和检查、便于总结经验和改进教学。教案审定完毕，即可进行试讲、录像和评价等。

1.2.5 微格教学实施方法

微格教学是通过缩减的教学实践，培训师范生和在职教师教学技能的系统方法。自微格教学理论提出后的 50 余年来，它的训练过程已形成了一定的系统模式，一般包括以下几个步骤（图 1-1）。

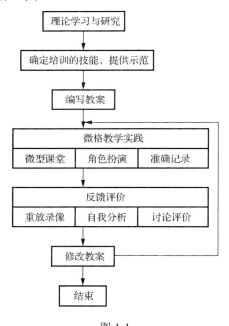

图 1-1

微格教学是一项细致的工作，要有效地培训提高受训者的教学技能，关键是要紧紧抓好微格教学全过程所包含的理论学习、示范观摩、编写教案、角色扮演、反馈评价和修改教案等环节。这些环节，环环相扣、联系密切，削弱其中任何一个环节，都会影响培训的效果。因此，应针对受训者的实际情况，落实每一个实施步骤。

1. 理论学习与研究

在微格教学实践和发展的过程中，融入了许多新的教育观念、教育思想和教育方法，如布鲁姆的"教育目标分类学"及"掌握学习法"、弗朗德的"师生相互作用分析"理论。

具体实践中又有阿伦的双循环式和乔治·布朗的单循环式等。微格教学培训是一种全新的实践活动，有其深刻的理论基础，因此，学习和研究新的教学理论是十分必要的。

理论学习可辅导的内容包括微格教学的概念、微格教学的目的和作用、学科教学论、各项教学技能理论。

1）微格教学的概念

重点使受训者明确微格教学的意义。微格教学可以借助现代视听设备获取信息，有利于指导教师随时改进教学方法，提高培训质量，因此，微格教学优于传统教学。

2）微格教学的目的和作用

微格教学是培训师资比较先进的方法，主要用于师范生的职前教育和在职教师的继续教育，以提高其教育教学能力为基本目标。对深化教育教学改革，使教育面向世界、面向未来、面向现代化，促进教育科研，提高教师的整体素质，具有十分重要的作用。

3）教学技能分析

微格教学的研究方法就是将复杂的教学过程细分为单一的技能，再逐项培训。指导教师可以根据培训对象的不同层次和需要，有针对性选定几项技能。

一般来说，对于师范生和刚踏上讲台不久的青年教师，经过微格教学实践可以尽早掌握教态、语言、板书等方面的基本技能；对于有一定教学经验的教师，经过微格教学实践，可以深入探讨较深层次的技能，有利于总结经验、相互交流、共同提高教学能力，以达到提高教师整体素质的目标。

在技能分析和示范阶段，指导教师要做启发性报告，分析各项技能的定义、作用、实施类型、方法、运用要领及注意点等，同时将事先编制好的示范录像给受训者观看。

4）课堂教学技能分类理论

重点使受训者了解教学技能分类的意义，对教学技能分类的好处，结合传统教学中诸如观摩教学效率不高、教学评价不确定或不客观等进行说明。同时指出，教学技能可根据不同角度或"视点"进行分类，其方法多种多样，反映了教学本身的复杂性。

5）关于某项教学技能的理论

在指定训练某项教学技能前，先要讲解该项技能的理论，如该技能的内涵、作用、类型、构成、原则及运用等，使受训者做到心中有数。

在讲解教学技能的理论时，要确定好教学的组织形式。指导教师通常以班级为单位作启发报告，讨论和实践则以小组为单位。小组成员6人左右，最好是同一层次的教师或师范生。指导教师要启发小组成员尽快相互了解，对所研讨的问题有共同语言，互相成为"好朋友"。

2. 组织示范观摩

针对各项教学技能，提供相关的课程教学片段，组织受训者进行示范观摩。观看录像后经过小组成员讨论分析，取得共识。这样，受训者不仅获得了理论知识，也有了初步的感知。

1）观摩微格教学示范录像

（1）教学示范录像片段的选择。在选择示范录像时要遵循两条原则：一是水平要高，二是针对性要强。示范的水平越高，受训者的起点就越高；示范针对性越强，该技能的展现就越具体、越典型。

（2）提出观摩教学示范录像片段的要求。在观看示范录像片段时，指导教师要先提出具体要求，明确目标，突出重点，边观看边提示。提示时要画龙点睛，简明扼要，不可过于频繁，以免影响受训者观看和思考。

2）组织学习、讨论、模仿

（1）谈学习体会。受训者分别谈观后感，指出值得学习之处；对照录像，检查自己的教学与其存在哪些差距。师范生注重前者，在职教师注重后者。

（2）集体讨论。重点交换各自的意见，在要学习的方面达成共识。指导教师也要参加讨论，重点指导。

（3）要点模仿。示范的目的是使受训者进行模仿。许多复杂的社会性行为往往都能通过模仿而获得。实际上，学生在观看录像时，就已渗透着模仿的意义。这里讲模仿，主要是在指导教师指导下进行模仿。此外，指导教师的亲自示范或提供反面示范，对受训者理解教学技能也会起到十分重要的作用。

3. 指导备课

1）组织受训者钻研某项技能

（1）充分备课，熟悉教材。熟悉教材是至关重要的。如果对教材理解不透彻、不深入，甚至出现片面性或错误理解，就无法体现教学技能。例如，"除数是零的除法"的教学，教师若对教材不理解，或者理解是片面的，就谈不上技能的运用了。

（2）根据指定教材，针对某项教学技能进行钻研。在熟悉教材的基础上，重点应该考虑教学技能的运用。对教学技能的钻研是正确运用教学技能的先决条件。指导教师要正确引导受训者钻研教学技能的理论，联系教材，把理论应用于实践。

2）组织学生备课

（1）在钻研指定教材和教学技能的基础上，编写教案。

（2）在指导教师的指导下，交流备课情况，取长补短。

（3）对在职教师和师范生要求有别。钻研教材、熟悉教材、理解教材，并结合教学技能备课，对在职教师来说，较为熟练，但对师范生来说，则难度较大。师范生应先接受教学基本理论和教材分析的培训。指导教师在为其指定教材时，还要对教材内容进行适当的分析，以帮助师范生正确理解教材，从而结合教学技能的运用进行备课。

4. 角色扮演

1）角色扮演的意义

角色扮演是微格教学中的中心环节，是受训者训练教学技能的具体教学实践活动，在活动中每个受训者都要扮演一个角色，进行模拟教学。它改变了传统的教师讲、学生听的教学模式，给受训者以充分的实践机会，从而使师资培训工作迈上了一个新台阶。

2）角色扮演的要求

角色扮演的要求主要有两个方面：一方面，扮演"教师"者要按照自己的备课计划，在有控制的条件下，训练教学技能；另一方面，扮演"学生"者要充分表现学生的特点，自觉进入特定情境。另外，在角色扮演过程中，任何人不要打断"教学"，让"教师"去处理教学中的问题，技术人员在拍摄过程中，不能对"教师"提出约束条件。

5. 反馈评议

反馈评议阶段，首先由受训者将自己的设计目标、主要教学技能和方法、教学过程等向小组成员进行介绍，然后播放微格录像，全组成员和指导教师共同观摩。观看录像后进行评议，可以由受训者本人先分析自己观看后的体会，检查事先设计的目标是否达到，以及自我感觉；再由全组成员根据每一项具体的课堂教学技能要求进行评议。

评议过程由以下三个环节构成。

［环节1］学生自评

（1）照镜子，找差距。由教师角色扮演者分析技能应用的方式和效果，检验是否达到预期目标。

（2）列出优缺点，肯定成绩，找出不足之处。如果自己认为很糟或非常不满意，可以申请重新进行角色扮演和录像。指导教师可根据条件和时间，决定是否重录，尽量做到不打击受训者的积极性。

［环节2］组织讨论、集体评议
（1）评议时应以技能理论为指导，分析优缺点，进行定性评价。
（2）根据量化评价表给出成绩，进行量化评价。
（3）提出建设性意见，以及如何做可能会更好。
（4）指导教师注意引导，营造学术讨论的氛围。
［环节3］指导教师评议

受训者对指导教师的评价是十分重视的，指导教师的意见举足轻重。因此，指导教师的评价应尽量客观、全面、准确。对于受训者的成绩和优点要讲足，缺点和不足要讲准。要注意保护受训者的自尊心和积极性，要以讨论者的身份出现，讨论"应该怎样做和怎样做更好"，这样效果会更好些。

6. 修改教案，反复训练

1）受训者修改教案

根据本人录像，参考技能示范录像和技能理论，对照评议结果，针对不足之处，由受训者自己修改教案。

2）进行重教

根据评议情况，受训者进行第二次实践，重复上述过程。

3）再循环或总结

教学训练是否再循环，可以根据受训者的具体情况及课时安排而定。当然，在课堂教学过程中，各项技能是交织在一起的，任何单项的教学技能都不会单独存在。

如培训导入技能，重点研究导入的方式、新旧知识的联系、情境的创设等问题。但导入过程必然用到语言技能，还可能用到提问、板书、演示等技能，只是对这些技能暂不考虑，只重点考虑导入技能的应用情况。

因此，当各项教学技能都经过训练并达到一定水平以后，指导教师应安排受训者进行各项技能的综合训练。只有对教学技能进行综合训练，才可能最终形成教学能力。

微格教学以教育教学理论、视听理论和技术为基础，系统化地训练教师的教学技能，其实施过程的实质是师生的相互影响与相互作用。在该过程中，受训者能根据已经确定好的技能目标有针对性地训练，通过观察、对照、分析自己的教学行为，收集专家或指导教师甚至是听课"学生"的反馈信息，及时调整改善自己的教学行为，快速地提高培训效率。可以说，微格教学的出现，为数学教学技能提供了一个很好的训练平台。

第 2 章　良好的开端是成功的一半

——论导入技能的运用与提升

请看"有理数的乘方"(人教版七年级数学上册)的导入教学片段。

师：同学们，前面我们已经学习了有理数的乘法，现在先来做几道题目，$5\times5\times5$，$8\times8\times8\times8$，$\underbrace{2\times2\times2\times\cdots\times2}_{10个2}$。

生：学生有的认真地计算；有的偷偷说"哎，又是这样"；有的不屑回应……

师：大家能发现上面几道算式有什么共同特点吗？(教师指着每道算式的因数)

生：因数相同(同学们异口同声地回答)

师：这种求几个相同因数的乘积就是我们今天要学的新内容——有理数的乘方(板书：有理数的乘方)……

反思：新课开始时，是学生精神最饱满、精力最充沛的时刻，也是最能接受知识的时机。如果没有利用有效的情境活动，会显得苍白无味，"有课无导"如何能激起学生的学习欲望？

又如，"认识人民币"(人教版一年级数学下册)的导入教学片段。

师：今天，老师先带大家一起来看"小熊超市"某天的营业情况。(多媒体播放许多小动物在购物，画面非常漂亮)

师：这家超市的生意好吗？

生：很好。

师：你们想买什么？

生：饼干、鸡蛋、火腿肠、铅笔、文具盒……

师：需要付多少钱呢？有谁想当售货员？

生：我，我，我(学生争先恐后地抢答)……

反思：课堂气氛热闹非凡，学生们忙得不亦乐乎。十分钟的课堂黄金时间过去了，却还没有切入正题。看得出来，老师是精心设计的，课件也是精心制作的，然而，这么煞费苦心的设计、制作又取得了什么样的教学效果呢？情境导入的创设，要根据需要，切不可为了情境而情境，流于形式上的热闹和新鲜，而冲淡教学主题，弱化教学重点，更不能让情境干扰学习。情境要有数学味，实实在在地为数学教学服务。

2.1 导入技能的概念

导入技能是教师采用各种教学媒体和教学方式，引起学生注意，激发其学习兴趣，使其产生学习动机，明确学习方向和建立知识联系的一类教学技能。这一技能广泛地运用于上课之始，或运用于开设新学科、进入新单元和新段落的教学过程。

导入技能是基于教师对整个教学过程和学生实际知识水平及数学理解能力的通盘考虑，熔铸了教师的教学风格、智慧和修养，体现了教师的数学教学观念，是评价一名教师教学能力的重要指标，是教师专业素质的综合体现。

2.2 导入技能的功能

课堂教学的导入，犹如乐曲的"引子"、戏剧的"序幕"，负有酝酿情绪、集中学生注意力、渗透主题和带入情境的任务。精心设计的导入，能抓住学生的心弦，立疑激趣，促成学生情绪高涨，步入求知欲的振奋状态，有助于学生获得良好的学习效果。

2.2.1 激发学习兴趣，产生学习动机

请看"随机事件与概率"（人教版九年级数学上册）的导入教学片段。

上课铃声一响，教师手拿着一个包装精致的小礼品盒走进了教室，学生们立刻好奇起来。

师（面带微笑）：这是个礼品盒，里面装了一份神秘的礼物，同学们猜一猜我为什么带这份礼物来？

生 1：今天是老师的生日，是老师的生日礼物！

师：（笑着摇了摇头）

生 2：那今天准是老师女儿的生日，要不就是老师的结婚纪念日。

师：（仍然笑着摇头）

（同学们脸上充满了好奇的神情）

师：今天是老师的幸运日，老师给同学们讲讲幸运日的来历。十四年前的今天，吃过晚饭后，老师出去散步，发现一辆大汽车上装满了山地自行车，走近一看，原来是抽奖现场。老师也忍不住想碰碰运气，于是花了 2 元钱买了一张奖券，结果老师真的很幸运，中了一辆山地自行车……

新课伊始，教师针对学生的年龄特点和心理特征，通过一个小小的事件，巧

妙地渗透了随机的概念，不仅能激发起学生对数学强烈的求知欲望，引起对数学的浓厚兴趣，而且能使学生全神贯注、积极主动地去接受新知识。

2.2.2　激起学生思维的波澜，引起积极的思考

请看"三角形的高、中线和角平分线"（人教版八年级数学上册）的导入教学片段。

师：同学们，在上课之前，老师先给大家讲一个故事怎么样？

生：好。（兴致勃勃地回答）

师：故事的名字叫作"军师献妙计，退兵建功勋"。在一座古老的数学城里，太后正观赏着一支表达对亲人的思念及美好祝愿的歌舞。自从太后的女儿嫁到外族以来，她就十分思念女儿。正当太后沉醉于幻化多姿的歌舞当中时，突然飞进一只鸽子。只见这只鸽子气喘吁吁地禀告："公主告急，公主告急，敌国犯界，令使者送来一道难题，能解出立即退兵，解不出则踏平国土。"公主说："女儿无才，思之再三，终解不出，想我数学王国，一向以聪明睿智闻名天下，请母后急速设法解出。"太后急问："是何题目，竟连我那绝顶聪明的女儿也被难住了？"鸽子说："那是敌国在训练军队时遇到的问题，有 7 位士兵，要让他们站成 6 行，并且每行都有 3 位士兵，应该怎样站？若能用三种方法并画出图形说明，则不进犯。"太后一听，对方显然是有意发难的，连忙命人告知了国王，国王立即召集群臣，研究对策。同学们，假如你们是军师，你们能想出办法解决吗？（5 分钟过去了，没有一位同学想出方法……）

师：好，看来大家得学完今天的知识后才能帮助国王想出妙招。现在，就让我们一起来开始"三角形的高、中线和角平分线"（板书）的学习……

亚里士多德曾经说过"思维是从惊讶和问题开始的。"本节课的导入由学生感兴趣的故事入手，在故事中通过创设问题情境，调动学生的主观能动性，激发学生的好奇心和求知欲，同时也非常自然地导出了本节课的主题。

2.2.3　吸引学生注意，引导进入学习情境

请看"分数除法"（人教版六年级数学上册）的导入教学片段。

师：谁能告诉老师，我们班的男生、女生各有多少人？

生：我们班有男生 20 人，女生 25 人。

师：根据这两条信息，你们能想到什么？

生 1：男生是女生的 $\frac{4}{5}$。

生 2：女生是男生的 $\frac{5}{4}$。

师：根据以上4条信息，你们能不能选取其中两条，提出一个问题？

生3：我们班有男生20人，女生是男生的$\frac{5}{4}$，女生有多少人？

生4：我们班有女生25人，男生是女生的$\frac{4}{5}$，男生有多少人？

生5：我们班有女生25人，女生是男生的$\frac{5}{4}$，男生有多少人？

生6：我们班有男生20人，男生是女生的$\frac{4}{5}$，女生有多少人？

师：前两个问题大家会解答吗？第3个问题想试一试吗？谁能列式解答？

上述教学片段中，学生的注意力在课程一开始便被深深吸引。注意力集中在具有挑战性的问题情境，不仅能促使学生多方位地进行联想，还会兴趣盎然地期待接下来的教学内容，为完成新的学习任务做好心理准备。

2.2.4 承上启下、温故知新

请看"有理数的减法"（人教版七年级数学上册）的导入教学片段。

师：请全班同学口答下面填空。

$(\ \ \ ) + (+2) = 5 \quad (7) + (\ \ \ ) = 5 \quad (-3) + (\ \ \ ) = 3$

$(+3) + (\ \ \ ) = -3 \quad (-12) + (\ \ \ ) = 0 \quad (\ \ \ ) + (-7) = -8$

生：齐声回答。

师：请女生完成第一列各式的计算，男生完成第二列各式的计算。

第一列	第二列
$50 - 20 = \underline{\ \ \ }$	$50 + (-20) = \underline{\ \ \ }$
$50 - 10 = \underline{\ \ \ }$	$50 + (-10) = \underline{\ \ \ }$
$50 - 0 = \underline{\ \ \ }$	$50 + 0 = \underline{\ \ \ }$
$50 - (-10) = \underline{\ \ \ }$	$50 + 10 = \underline{\ \ \ }$
$50 - (-20) = \underline{\ \ \ }$	$50 + 20 = \underline{\ \ \ }$

（女生和男生面带诧异表情地按顺序把答案念出来）

师：请大家观察每一行式子的特点，你们能得出什么结论？

生：减去一个数和加上这个数的相反数结果是一样的。

师：非常好，减去一个数，等于加上这个数的相反数，用字母表示为：$a-b=a+(-b)$……

教师通过让学生先复习有理数的加法，再通过观察减法运算与加法运算的区别，在学生发言的基础上顺利得出有理数的减法法则。

因此，成功的导入不仅能快速吸引学生，集中学生注意力，激起学生的求知欲，而且还能有效地消除其他课程的延续思维，使学生很快进入新课学习的最佳状态，让学生的学习思维由浅入深，由表及里地有层次进行，有利于学生接受和理解新知识。成功的导入也是教师有效地完成数学教学任务的必要条件。

2.3　导入技能的应用原则

2.3.1　加强针对性原则，切忌漫无目标

请看"相遇应用题"（人教版五年级数学上册）的导入教学片段。

师：同学们，这节课有很多老师来听课，指导我们学习，让我们以热烈的掌声欢迎各位老师！（学生鼓掌）

师：大家在鼓掌时两只手怎么样了？

生：相遇。

师：很好，今天我们就来讨论有关"相遇"的问题……

新课导入切记不能只图表面的热闹，追求形式花样，甚至故弄玄虚、画蛇添足，更不能占用过多的时间而削弱其他教学环节。上例导入自然、干脆精练，极具针对性。

2.3.2　体现启发性原则，切忌导而不入

请看"三角形的面积"（人教版五年级数学上册）的导入教学片段。

师：两个完全一样的三角形可以拼成一个已学过的什么图形？

生：平行四边形。

师：拼成的图形的底是原来三角形的哪一条边？

生：底边。

师：拼成的图形的高是原来三角形的什么？

生：高。

师：三角形的面积是拼成的图形面积的多少？

生：$\frac{1}{2}$。

师：怎样来表示三角形面积的计算公式？

生：$\frac{1}{2}$×底×高。

师：为什么求三角形面积要用底乘以高再除以2？

这样的提问既有逻辑性又有启发性，不仅使学生较好地理解三角形的面积计算公式，而且能发展学生的思维能力，激活了学生的思维。在实际教学中，要善于抓住教材中主要内容的关键之处，激起学生思维的波澜，恰当地利用启发性原则进行课堂提问，提高数学课堂教学的效率。

2.3.3 富有趣味性原则，切忌枯燥乏味

请看"随机事件与概率"（人教版九年级数学上册）的导入教学片段。

师：今天是老师的幸运日，在这个幸运的日子里，我想把这份神秘的礼物送给一位最幸运的同学，好不好？

生：好！（有几个淘气的男生还不由自主地搓了搓手）

师：今天神秘礼物的得主是通过三个游戏产生的。

第一个游戏：前后桌四名同学为一组，以玩"手心手背"的游戏决出胜者。

第二个游戏：老师准备了四道题（本节课需要用到的旧知识），请第一个游戏胜出的同学进行抢答，按成绩取前三名。

第三个游戏：请第二个游戏胜出的三名同学到前面来，面朝大家，老师发给每人一枚一角硬币，每人连续掷三次，三次都是正面的为胜，最后得胜者就是今天的幸运同学。

教师通过设置三个游戏环节达到的目标是：通过游戏的公平性，渗透等可能事件发生的条件，体会随机思想。以比赛的形式复习已有的概率知识，增强了学生的注意力，增加了数学课的趣味性，提高了学生学习新知识的兴趣，最后通过第三个游戏为问题背景，引入新课。

2.3.4 讲究多样性原则，切忌千篇一律

请看"正数和负数"（人教版七年级数学上册）的生活情境导入教学片段。

师：同学们好，我是你们的数学老师。首先做一下自我介绍，我的名字是×××，身高 1.63m，体重 54.5kg，今年 34 岁。我们的班级是七（2）班，有 50 个同学，其中男同学有 27 人，占全班人数的 54%。

问题 1：老师刚才的介绍中出现了几个数？分别是什么？你能将这些数按以前学过的"数的分类方法"进行分类吗？

（学生思考，交流）

师：（在学生讨论基础上进行总结）以前学过的数，实际上主要有两大类，分别是整数和分数（包括小数）。

问题 2：在生活中，仅有整数和分数就够用了吗？

请同学们看书（观察书中的几幅图片中用到了什么数，让学生感受引入负数的必要性）并思考，然后进行交流。

这位教师在跟学生初次见面时，精心设计了见面词，渗透了今天要讲的新知识，可谓一举两得。

又如，"数轴"（人教版七年级数学上册）的类比导入教学片段。

师：有理数包括哪些数？0是正数还是负数？

生：有理数包括正数，0和负数，0不是正数也不是负数。

师：温度计的用途是什么？类似于这种用带有刻度的物体表示数的东西还有哪些？

生：直尺，弹簧秤……

师：数学中，在一条直线上画出刻度，标上数值，用直线上的点表示正数、负数和零。

教师从温度计抽象成数轴的演示，激发了学生学习兴趣，使学生受到把实际问题抽象成数学问题的训练，同时把类比的思想方法贯穿于概念的形成过程。

再如，"有理数的加法"（人教版七年级数学上册）的直观导入教学片段。

师：首先，请同学们先来观看一个动画。（动画中出现一只蜗牛向左爬行，另一只蜗牛向右爬行）（学生认真地观看动画）大家看到了什么？

生：两只蜗牛在笔直的公路上爬。

师：好，那么看完这个动画之后，有四个问题需要我们一起来解决。现在请同学们一起来读一下这四个问题。（同学们齐声读）

问题1：如果蜗牛一直以每分钟2cm的速度向右爬行，3分钟后它在什么位置？

问题2：如果蜗牛一直以每分钟2cm的速度向左爬行，3分钟后它在什么位置？

问题3：如果蜗牛一直以每分钟2cm的速度向右爬行，3分钟前它在什么位置？

问题4：如果蜗牛一直以每分钟2cm的速度向左爬行，3分钟前它在什么位置？

这种直观的导入技能有助于学生思考解答，更加有利于学生接下来对有理数乘法法则的归纳。

2.3.5 注意简洁性原则，切忌拖沓冗长

请看"有理数的乘方"（人教版七年级数学上册）的导入教学片段。

师：前面我们已经学习了有理数的乘法，现在请大家拿起笔，10秒内写出10个2相乘和10个（-2）相乘的式子并作答。

生：学生争分夺秒地写着……（10秒钟过去了，但同学们都没能完成。）

教师在新课开始时通过让学生在规定时间内完成两道因数相同的乘法题目，不仅渗透了有理数乘方的定义，还能让学生期待接下来的教学内容，使学生迅速进入学习情境。

2.4 导入技能的方法

导入技能的运用，要依据教学的任务和内容、学生的年龄特征和心理特征。常用的导入技能方法有以下几种。

2.4.1 直观导入

直观导入，是指利用实物、教具（挂图、幻灯片、电影、录像等），引导学生直观观察、分析，从而引出新知识的导入方法。这种导入方法，建立在直观的基础上，引导学生通过各种感官直接或间接地感知具体事物的形象进而提出新问题，从解决问题入手，自然地过渡到新课学习；同时又有利于学生由形象思维过渡到抽象思维，为学生抽象思维的形成奠定感性的认知基础。

虽然直观导入形象具体、容易感知，易给学生形象直接的感性认识，在教学工作中，往往收到事半功倍的效果，但是，在实施的过程中，还有一些需要注意的地方。

（1）选取的材料要适合学生的年龄层次和心理发展水平。一些动画视频对于小学生可能非常有效，但对于初中生或高中生就起不到类似的效果，反而会被学生认为幼稚和可笑。

（2）展示的图片、音乐和视频等，应能够快速有效地吸引学生的注意力，但是也要求教师能够把学生对于这些实物的注意力适时地引导到学习内容上，而不是一味地放纵学生的思维和注意力，使实物不能起到预期的效果。

（3）直观导入中图表设计的形式要尽可能简明，教具数量宜精忌杂，教具出示宜当忌过，教具演示宜动忌静。

2.4.2 情境导入

情境、创设情境、情境教学、情境导入等，是在目前课堂教学研究中频频出现的概念。其中，情境导入是指教师根据教学内容的特点运用语言、音乐等手段，创设一定的情境渲染课堂气氛，使学生在潜移默化中进入新课学习的一种导入方式。美国教育设计领域著名专家乔纳森（Jonathan）在《学习环境的理论基础》一书中，对情境做过这样的描述："情境是利用一个熟悉的参考物，帮助学习者将一个要探究的概念与熟悉的经验联系起来，引导他们利用这些经验来解释、说明、形成自己的科学知识。"由此描述，我们不难发现，作为课堂教学的"情境"，应具备现实性、生活性、趣味性和问题性这四个方面的特征。

现实性是指情境来源于现实世界。荷兰数学教育家弗赖登塔尔认为，在现实世界中，到处都存在数学现象。这些数学现象通常被称为现实的数学。现实的数学实际上是由不同个体在不同环境中的不同生活经历所形成，能够支持人们在日常生活中的行为决策和行为方式，因此，现实数学往往能成为学生学习数学科学的基础。中学数学学科教学的任务之一就是帮助学生建构一些基础、必要、现实的数学。因此，引入课堂的情境必须具有现实性。

生活性是指情境必须贴近学生的生活。现实生活中蕴含着大量的数学问题。然而，学生关心的往往是那些贴近他们生活的问题。因此，引入课堂的情境更多地应关注学生所关心的内容及学生在生活中所获得的经验，这样才能促使学生的经验数学化。

趣味性是指情境必须能够激发学生的学习热情，调动学生的积极性。学生往往会主动地从事自己感兴趣的活动，而情境的引入就是为了激发学生的学习兴趣，让他们主动地参与到数学活动之中，去体验发现与探索的过程。因此，在数学课堂中，情境的趣味性是不可缺少的特征之一。

问题性是指情境中必须蕴含具有一定挑战性，能使学生产生疑惑，激发学生的认知冲突，促进学生进行较为深刻思考的数学问题。总的说来，具有一定挑战性的问题往往可以激发人们探索未知世界，寻求更多的发现与创造，从而解决由认知冲突产生的疑问，获得逻辑思维能力的发展。而数学教学的重要目标之一就是培养学生的逻辑思维能力。因此，情境必须具有"问题性"才能有助于学生逻辑思维能力的发展。

案例——"有序数对"（人教版七年级数学下册）：新课程标准中对本节课的知识目标是理解有序数对的意义，能够用有序数对表示实际生活中物体的位置，通过寻找用有序数对表示位置的实际背景，发展学生的应用意识。教学重点是用有序数对表示位置，难点是对有序数对中"有序"的理解。由于有序数对与地理上的经纬度很类似，易通过生活中的情景事例来引入本节课的内容，让学生明白有序数对在实际生活中的应用。请参阅如下片段。

师：同学们，开始上课啦（引起学生的注意）! 在上课之前，大家先来看一组图片（用多媒体展示《泰坦尼克号》的部分图片，时间约为半分钟左右）(符合操作简洁性原则)。可不可以告诉老师，这是什么？

生：这是影片《泰坦尼克号》中的图片。

师：没错，大家的回答完全正确。这部影片讲述了一个悲惨的真实故事，英国的豪华客轮"泰坦尼克号"在从英国开往美国的途中，在北大西洋发生了海难

（稍作停顿）。同学们，现在有个问题，如果当时你在船上，发生了这样的事，你第一个念头是什么？（符合启发趣味性原则）

生：逃生！（有人回答"呼救"）

师：很好，如果你要呼救，你要怎样向救援人员报告你的位置呢……

法国数学家笛卡尔受到经纬度的启发创造了平面直角坐标系，所以本节课的设计正是基于对原创者思维的追溯过程，让学生也像数学家那样去思索和探讨。本节课由震惊世界的"泰坦尼克号海难"事件入手，一下子就抓住了学生的好奇心，为本节课创造了引人入胜的教学情境。接下来通过学生熟悉的经纬度确定地球上点的位置，抽象出用一对实数表示平面上点的位置的数学问题，显得非常自然。这时教师没有急于给出"有序数对"等概念，而是给学生一段时间思考和交流，结果学生举出了许多恰当的事例。有了这些准备之后，教师开始讲解"有序数对"等概念，就已水到渠成了。

2.4.3 旧知识导入

旧知识导入是一种由已知向未知的导入方法。新知识都是在一定旧知识的基础上发展而来的。因此，有经验的教师常以复习、提问、做习题等教学活动，提供新旧知识联系的支点，使学生感到新知识并不陌生，从而降低学习新知识的难度；为新符号或新符号代表的概念与学生认知结构中已有的适当概念建立实质性的联系，做好必要的准备。

值得注意的是，旧知识导入要找准新旧知识的连接点、相似处，而连接点及相似处的确定又建立在对教材认真分析和对学生深入了解的基础之上；旧知识导入是搭桥铺路，巧设契机。复习、练习、提问等都只是手段，一方面要通过有针对性的复习为学习新知识做好铺垫，另一方面在复习的过程中又要通过各种巧妙的方式设置难点和疑问，使学生思维暂时出现困惑或受到阻碍，从而激发学生思维的积极性，创造讲授新知识的契机。

案例——"圆的面积"（人教版六年级数学上册）：教学内容主要是让学生通过观察、操作、分析和讨论圆的切割与拼接，找出切前圆形和拼后图形各部分之间的联系，从而推导出圆的面积公式。那么如何激起学生的求知欲，启发学生利用转化的思想，而不是毫无头绪或者盲无目的地动手操作，推导圆的面积计算公式呢？请参阅如下片段。

师：同学们，（展示学具圆）如果圆的半径用 r 表示，周长 C 怎么表示呢？（复习旧知识导入法。回忆圆的周长计算公式，看似与圆的面积没有关系，实际上推导圆的面积的计算公式离不开圆的周长计算公式，它是新知识的基础。这样可以在巩固学生旧知识的基础上，增强学生学习数学的信心。）

生：（学生一起回答，教师板书）$C=2\pi r$。

师：很好，周长的一半呢？

生：(学生一起回答，教师板书)$C/2=\pi r$。

师：（点头微笑，表示肯定学生的答案）同学们，如果有一张圆桌，要为它铺上一块布，问至少要铺上多大的布才能把圆桌盖住呢？（多媒体展示题目，停顿1分钟）这实际上是求什么？（以学生熟悉的生活情景，引出本节课的学习内容。问题的难度逐步加深，形成认知上的冲突。无法解决新问题，使学生陷入困惑，激发对新知识的求知欲。）

生：圆的面积。

师：非常好。要把圆桌盖住，布的大小至少要和圆桌的面积一样大，相当于是求圆的面积。大家再看看这个圆（展示学具圆），假设它就是所要布的大小。现在请一位同学概括一下圆的面积定义。（唤起学生对"面积的定义"记忆，并且凭借自己的理解概括出"圆的面积定义"，学以致用。使学生深刻理解"圆的面积定义"，初步培养学生数学语言的概括能力。）（给予学生们1分钟的思考时间）

生：圆的面积是指圆周所围成的部分所占的空间面积。

师：回答得非常好（多媒体展示定义，教师带领学生一起读出定义）。那怎么求这个圆的面积呢？

生：（沉默，满脸疑惑）……

师：要是知道圆的面积计算公式，那该多好啊？这节课就让我们一起来探讨圆的面积。（板书题目：圆的面积）

师：请同学们回想一下，我们之前学习了哪些多边形的面积？（类比导入法。学生学习数学知识的过程实质上是新知识和旧知识建立联系的过程。计算多边形面积都是将其转化成某种图形推导出它们的面积计算公式的。类比于这种转化的方法，让学生动手操作，继而推导圆面积的计算公式。这样设计是把切割、增补的方法调出来，作为本节课的"切入点"，为引进新知识做铺垫，形成正迁移。能化生为熟，化难为易，收到好的教学效果。）

生：长方形、正方形、平行四边形、三角形、梯形。

师：（学生的回答可能参差不齐，所以教师要及时对学生的回答表示肯定）在学习平行四边形、三角形、梯形的时候，我们主要采用的是什么方法推导公式的？

生：切割、增补法。

师：说得真棒（点头称赞）。我们将图形切割成若干部分，再进行增补，最后拼成我们熟悉的图形。请大家看看这个圆纸片，我们该怎么切割、增补呢……

教学过程中，教师采用了"旧知识导入法"，找准了"圆的周长"与"圆的面积"、"多边形面积"与"圆的面积"的推导方法之间的联系。通过有针对性地复习"圆的周长",为学生在探索推导"圆的面积"的过程中弄清两者之间的内在联系做了铺垫;类比"多边形的面积"的推导方法,有效地形成知识间的迁移,帮助学生建立良好的认知结构。由此利用知识的联系启发思维,促进新知识的理解和掌握,从而更好地体现了导入技能的针对性、目的性、科学系统性和关联时效性原则。

2.4.4 故事导入

上课伊始,具体描述生活中熟悉或关心的事例,介绍新颖、醒目的趣闻,选讲妙趣横生的典故,联系紧密动人的故事,可避免平铺直叙之弊,为学生创设引人入胜的学习情境。

虽然故事导入是不少数学教师喜欢的导入方法之一,很能激发学生的学习热情,但是有部分教师在故事导入时,往往会喧宾夺主,即教师在导入时不注意剪取故事对学生最有用的部分,或者与新知识最能关联的部分,往往喜欢将故事讲得有头有尾、滔滔不绝。这样势必会将时间拉长,压缩新课的讲授时间,以致新课讲得不生不熟,成了"夹生饭"。例如,在讲授分数的加法时,为了让学生能从著名数学家的成长经历中学到信心,某教师用了 10 分钟的时间讲述华罗庚的事例,直到自己看了手表,才"哦"的一声不好意思打住。其实,华罗庚的故事在任何一堂数学课都可以讲,这种与所教知识联系松散又不注意节制的做法实在不可取。因此,故事导入时应必须注意以下两点。

(1)选取的故事最好能与讲授的知识有较为紧密的联系,这样可以顺势导入新授知识,不会使学生感到太突兀。

(2)故事的长度一般在三四分钟。过长,会耽误正常教学时间;过短,又无法吸引学生的注意力。这就要求教师在备课时,要将原有的故事进行浓缩。就像写文章一样,与主题有关的就多写、重点写,与主题关联少的就少写,无关的就不写。例如,在讲授圆周率时,为了让学生懂得圆周率发明人——中国著名的数学家祖冲之,我们需要从祖冲之钻研圆周率的故事导入,只需讲以下三点即可:①研究的艰苦性,当时没有现代化的计算机,都是用筹码(小竹棍)进行计算,祖冲之常常天不亮就起床,一遍又一遍地挪动筹码,直到深夜,他前后计算了一万多遍;②圆周率的精确性,祖冲之算出的圆周率是在 3.1415926 和 3.1415927 之间;③发明的先进性,他是世界上第一个把圆周率的数值算到小数点以后 7 位的人。欧洲的数学家奥托,在祖冲之以后 1000 多年才算出了这个数值。这样的故事讲述时间不长,同时又跟所学内容紧密结合。

案例——"二元一次方程组"(人教版七年级数学下册):本节内容是在一元一次方程的基础上,进一步认识二元一次方程组及其应用。根据教学课程标准要求,本节课的教学目标是要让学生在原有对方程的认识基础上认识二元一次方程组的概念及其表示形式,进而了解二元一次方程组的解并学会根据具体要求列出方程。根据教学内容要求,二元一次方程组在初中阶段是很重要的学习内容,因此引导学生掌握好这部分内容相当重要。为了引起学生对新知识的兴趣和增强他们的求知欲,易采取趣味故事导入方法,使学生能够轻松进入课堂状态。请参阅如下片段。

师:康熙南巡经过扬州时,碰到一个牛贩子跟两个差役在争执,只听牛贩子跟一个差役说:"你买了我二头牛,三匹马,应付我二十六两银子。"又跟另一个差役说:"你买了我一头牛,三匹马,应付我二十二两银子。现在你们总共只付我四十两银子,那怎生了得?"可是那两个差役蛮不讲理,拒不给钱,康熙见此情景,站出来说:"买卖公平,天经地义。"两个差役见出来一个管闲事的,就蛮横地说:"那你说说每头牛和每匹马的单价。"康熙低头沉思了一会儿,就说出了牛和马的单价。两个差役虽然很是惊诧,但还是拒不给钱。最后,康熙拿出玉玺,两个差役吓得连连磕头谢罪并补上银两。(听完这个故事,对康熙如此迅速地算出牛和马的单价,学生们都感到无比惊讶。)

师(不失时机地问):你们想知道康熙是怎样快速解决的吗?今天,就让我们一起来做皇帝,给两个差役上一节数学课……(根据故事内容提出问题,让学生自主思考,调动他们探究问题的热情,并培养学生独立思索问题的能力。通过角色扮演,探究学习,层层引导,列出方程式,从一元一次方程过渡到二元一次方程的学习。)

这是一个康熙南巡的历史小故事,也许有些学生已经在某些书籍或影视剧中看过,但是大部分学生都只看到了康熙皇帝的聪明智慧,却很少思考其中隐含的数学道理。那么在数学课堂上引用这样的故事,给学生熟悉感,引起他们的兴趣,同时通过教师引导,使其发现故事中隐含的数学问题,进而推动其继续探索。故事中的角色转换,又体现了新课程标准要求以学生为主导的思想理论,从而使学生满怀信心地参与其中,有效地调动了学生学习的积极性与活跃性。本节课是二元一次方程组的第一课时,所以该故事既可以让学生认识二元一次方程又可以为下一节解二元一次方程组做准备,承上启下,增强教学设计的连贯性和严谨性。

2.4.5 数学史导入

数学史导入,是指教师在开展教学活动前,利用数学史上的一些故事、趣闻等创设生动幽默的问题情境,激发学生的好奇心,从而唤起学生的求知欲,使学生能够积极主动地投入到即将开始的数学学习与探究活动中去。

案例——"勾股定理"(人教版八年级数学下册):八年级学生的求知欲强,

对事物的发生过程充满了好奇，而新课程标准明确要求学生体验勾股定理的探索过程。因此，易采用引用数学史导入教学法。请参阅如下片段。

师：同学们好！我们来进行新课的学习，在上课之前老师想先问一下大家，你们还记得他是谁吗？（教师指着PPT上的人物图片）

生：毕达哥拉斯。

师：没错，他就是在古希腊数学界处于领导地位的数学家毕达哥拉斯。他传奇般的一生给后人留下了很多传说。他曾到古巴比伦和古埃及游学，直接接受东方文化的熏陶。回国后，毕达哥拉斯又创建了政治、宗教、教学合一的学术团体，这个团体被后人称为毕达哥拉斯学派。他在天文学、哲学和数学等方面都做出了一定的贡献，尤其是他发现了存在直角三角形三边之间的特殊关系，这当中还有一个有趣的故事。相传在2500年以前，毕达哥拉斯去朋友家做客，朋友家豪华宫殿般的餐厅铺着美丽的正方形大理石瓷砖。由于大餐迟迟不上桌，饥肠辘辘的贵宾颇有怨言；只有善于观察和发现的毕达哥拉斯一直看着地板上的瓷砖，他不仅是在欣赏脚下排列规则的方形瓷砖，同时还在思考。想到它们和数学之间的关系，于是拿了画笔蹲在地上，选了一块瓷砖以它的对角线为边作一个正方形，他发现这样作出的正方形的面积恰好等于两块瓷砖的面积和。他很好奇！于是再以两块瓷砖拼成的矩形的对角线作一个正方形，他发现这样作出的正方形的面积正好等于5块瓷砖的面积和。因此，毕达哥拉斯做了大胆的假设，任何直角三角形，其两直角边的平方和等于斜边的平方。后人基于他的这个假设，做了很多的努力以后，终于用1000多种方法证明了他的假设……

教学伊始，选用一个有趣的历史故事，让学生在学习数学知识的同时，对数学知识的产生过程有一个比较清晰的认识，能够培养学生勤于思考、善于发现的好习惯。

2.4.6 游戏导入

游戏导入就是通过设计与新知识有关的课堂游戏来导入新课的导入方法。心理学家弗洛伊德指出，游戏是由愉快原则促成的，它是满足的源泉。好玩是学生普遍的特性。数学游戏融知识性、趣味性于一体，是一种极好的益智活动，深受学生喜爱。用游戏作为新课的导入，能集中学生的注意力，调动学生的积极性，让学生最大限度地参与到学习活动中去。

案例——"随机事件与概率"（人教版九年级数学上册）：学生已初步体会了事件发生的可能性的意义，能够按事件发生的可能性对事件进行分类，会对简单事件发生的各种可能性进行统计。本节课将在此基础上进一步让学生通过实例认识事件发生的可能性大小的意义，了解事件发生的可能性大小是由事件发生的条件决定的，从而为下节课学习概率的意义及其计算做好认知铺垫。请参阅如下片段。

师：同学们，老师现在手中有红、黄、白三个乒乓球，这三个乒乓球除了颜色不一样，它们的大小、形状都相同。请问同学们，你们喜欢哪种颜色的乒乓球呀？

（有的同学喜欢红色球，有的同学喜欢黄色球，还有的同学喜欢白色球。于是用这三个乒乓球来做一个游戏，把这三个乒乓球放入一个空盒子里，摇一摇。然后请一个同学上来摸出一个球，看是不是你想要的那种颜色的球。）

师：有谁愿意上来玩这个游戏呀？
生：我！我！
师：小明同学，你喜欢什么颜色的球呢？
小明：我喜欢黄色球。
师：好，那现在请你闭着眼睛摸出一个乒乓球。
小明：（没摸到黄色球）
师：有点可惜呀，小明摸出了一个红色球。不过没关系，同学们，我们再给小明一次机会好不好？
生：好！
师：好，那老师再给你一次机会，让你再摸一次，第二次你可要加油哦……

学生已初步体会了事件发生的可能性的意义，能够按事件发生的可能性对事件进行分类，会对简单事件发生的各种可能性进行统计。而对于如何用数值来刻画可能性的大小这类较为抽象的代数问题，如果直接导入就比较枯燥而且难懂。因此，在教学的开始，教师通过摸球的游戏导入，寓教于乐，可以大大提高学生的学习兴趣，活跃课堂气氛，同时使学生在游戏中更加深刻地理解概率这样抽象性的概念。

2.4.7 悬念导入

悬念导入是利用一些违背学生已有观念的事例或互相矛盾的推理造成学生的认知冲突，以及平息这种冲突的导入方法。古人云："学起于思，思源于疑"，在导入中巧设悬念，容易激发学生的好奇心和求知欲，使其思维处于一种活跃状态，产生探究心理，对培养学生的数学兴趣，纠正旧知识中不正确的理解，建立新旧知识的内在联系具有积极的作用。但悬念导入需要教师备课时精心设计、周密准备，方能在实际教学中运用自如、引导贴切，不致令学生人云亦云、一头雾水。

案例——"有理数的乘方"（人教版七年级数学上册）：学生在学习了有理数

的加减法、有理数的乘除法后，开始对计算感到枯燥，对所学内容不感兴趣。针对这一现象，有理数的乘法易采取"巧设悬念导入"的小策略。请参阅如下片段。

上课伊始，教师在黑板上写下一大串数字（149162536496881100121144）。边写还边故意说："降低点难度，就写这些位吧。"写完后马上提问："哪位同学能在30秒内记住这个24位数字？现在开始计时。"话音刚落，一部分学生开始背这串数字，很快教室就被一片背数声所淹没。这时教师又故意催促时间。

生1：这么多位，怎么能在30秒内记住？

生2：这个数字一定有什么规律，快找。

（这位学生的判断马上博得了大多数同学的肯定，但是大家都未找到任何规律，30秒的时间很快过去，全班没有一个学生在规定时间内记住这个数字。）

师：刚才有的同学说这个数字一定有规律，说得很好！这个数字确实有规律，按照这个规律我还可以继续写下去，而且能够无穷无尽地写下去，你们想不想知道这个规律……

在新课导入时，教师巧设悬念，具有强烈的吸引力，可以使学生产生一种急切期待的心理状态。这种心理状态能激发学生探究的浓厚兴趣，而兴趣是一把开启学生思维之门、让学生尽情发挥创造力的金钥匙。此时教师加以指导，略加点拨，使学生处于兴趣最高涨的状态，智慧的火花就会随之点燃。

2.4.8 实验导入

实验导入是指设置以实验为主的多种探究活动进而导入新课的导入方法。新课程标准强调丰富学生的学习方式，其中自主探究、动手实践、合作交流等都是学习数学的重要方式。从开展数学实验中创设情境导入，不仅有利于学生体验科学研究的过程，营造数学思维和数学创新的良好氛围，更有利于激发学生学习数学的兴趣，强化科学探究的意识，促进学习方式的转变，培养学生的创新精神和实践能力。

案例——"三角形内角和"（人教版八年级数学上册）：八年级学生已经掌握三角形的概念、分类，熟悉锐角、直角、钝角、平角的知识，也可能有部分学生已经知道三角形的内角和是180°，但知其然不知其所以然。所以，本节课的重点不在于了解，而在于验证和应用，让学生动手实践，有利于激发学生的兴趣，同时发展学生的空间观念、思维能力和解决问题的能力。请参阅如下片段。

师：前面我们已经认识三角形，（教师板书课题：三角形）请大家回忆一下，三角形按角分类有哪些呢？（教师板书：锐角三角形、直角三角形、钝角三角形）接下来请学生拿出自己的三角板，以小组为单位讨论每个三角板上三个角的度数。

师（质疑）：三角板上三个角的度数和是多少呢？这节课我们一起来研究有关

三角形内角和的知识。(板书补充课题:内角和)齐读课题,看到这个课题,你们有什么问题想问吗?

师:我们先来听第一个问题:什么是三角形的内角?(三角形的三个角,分别叫作三角形的内角。)谁愿意说说你的想法?一个三角形有几个内角?(课件)

师:第二个问题:三角形的内角和指的是什么呢?(同桌相互说一说)

[环节1]教师拿出两个三角板(图2-1),问,它们分别是什么三角形?

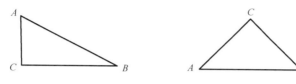

图 2-1

师:请大家拿出自己的两个三角板,根据刚才同桌说的三个角的度数,求出这两个直角三角形的内角和。

学生们能够很快求出每块三角板的三个角的和都是 180°。

师:其他三角形的内角和也是 180°吗?

[环节2]师:同学们能通过动手操作,想办法来验证自己的猜想吗?请同学们拿出准备好的三种三角形(直角三角形、钝角三角形、锐角三角形),请同学们在小组内选出一种三角形先测量出每个角的度数,再计算出它们的内角和,把结果填在下表中。

三角形的名称	度数/(°)			内角和的度数/(°)
	∠1	∠2	∠3	
锐角三角形				
直角三角形				
钝角三角形				

本节课通过由学生自己去实验发现、去总结,吸引学生积极主动地参与学习活动,在学习活动中理解数学知识,积累学习方法、思维方法和科学探究的方法,体验自主学习的快乐和成功。

2.5 导入技能的实施策略

数学教学中的导入方法是多种多样的,教师在运用时要从多角度去思考,根据课程的需要,灵活选择导入方法。只有这样,才能使导入课充满吸引力,抓住学生的注意力。"导"无定法,贵在得法。教师在授课时,应该先从数学课堂教学的主要环节——导入上巧妙构思、精心设计，真正做到教师善"导"，学生能"入"。教师运用导入技能时，要注意以下实施策略。

2.5.1 导入方法的选择

导入的设计首先要根据课程的内容和重点考虑选择合适的导入方法，同时还要考虑学生的认知特点、知识水平及学校现有的设备条件，以学生的思维特点为中心选择最佳的导入方法。

例如，"代数式的值"（人教版七年级数学上册）的导入教学片段。

师：同学们是不是都喜欢玩游戏？下面我们来进行一个小游戏（学生兴致勃勃地听着规则）。请坐在老师左手边的同学任意想一个数（不能为 0），将这个数加上本身，再乘以本身，再减去本身，再除以本身，告诉你的同桌你算出的最后结果，看谁能在 30 秒内猜出同桌想的数是什么？（几乎没有同学能在 30 秒完成，甚至有的还一脸茫然……觉得教师故意刁难！）

师：现在请 3 位同学起来报上自己最后的结果，老师能马上猜出你想的数是什么。

生 1：15。

师：8。（生 1 点头）

生 2：57。

师：29。（生 2 点头）

生 3：109。

师：55。（生 3 竖起大拇指）

（学生欢呼鼓掌，佩服不已！）

师：其实老师是这样完成猜想的，设学生想的数是 x，那么有 $\dfrac{(x+x)x-x}{x}=2x-1$，从而 $x=\dfrac{最后的结果+1}{2}$，就是你们任意想的数。

生：（全体学生恍然大悟）

这样设计符合初中生的年龄特点，用字母表示数，是学生学习生涯中第一次从具体到抽象的全面跨越。不同于以往的具体计算和表示，用"字母"或"式"就几乎可以代表无穷的具体算题，并且抽象的"式"与具体的"题"之间经由代入求值又紧密地联系一起，使学生意识到这是代数教学中一个重中之重。这样的设计使学生知道随着"代入"的不同，同一个"式"可以产生多个不同的值，理解具体与抽象之间的关系。

2.5.2 素材的准备

依据所确定导入方法的要求准备素材,选择素材的标准是必须适合教学内容。

教师可以通过查找资料，或请教有经验的老教师获得必需的素材，还可以自己动手编制一些素材。

2.5.3 导入语言的组织

语言是思维的外在表现，是交流思想的工具，是表达内容的形式。对教师而言，语言是从事数学课堂教学的基本条件，是完成教育教学任务的重要手段，是最重要的基本素质之一。语言教学是一门艺术。考虑语言艺术的前提是语言的准确性、科学性和思想性，同时还要考虑可接受性，不能单纯地为生动而生动，所以设计导入时要根据导入方法的不同，考虑采用不同的语言艺术。精心编排所需素材，同时选用合适的表达语言。

1）导入语言应通俗易懂

例如，当选择直观演示、动手操作，或借助实物、标本等方法导入时，教师的语言应该通俗易懂，且富有启发性。无论是对实物演示的说明、对学生操作的指导，还是对借助实物的讲解，教师都应该选用恰当的词句，准确简洁地表达出教材的内容，说明直观的作用。运用通俗易懂的导入语言能启发学生思维，吸引学生注意力，调动学习积极性，使学生从中发现规律，更好地探求新知识。

2）导入语言应准确严密、逻辑性强

例如，当选择审题或联系旧知识的方法导入时，教师的语言不仅应该清楚明白，而且应该逻辑性强。特别是在讲授一些容易混淆的重要概念时，语言的准确与否是十分重要的。准确严密的导入语言，有助于学生"由此及彼""由表及里"地去推想，便于学生正确地掌握教材的内容，提高数学课堂教学效果。

3）导入语言应富有启发性

例如，当选择巧设悬念的方法导入时，教师的语言应该富有启发性。富有启发性的语言能激发学生深思，活跃其思维，调动其学习数学的兴趣。

2.5.4 教学手段的选择

结合所讲课题，考虑采用的教具和使用的公式，如图表、实物、模型、幻灯片、音像等。

例如，"勾股定理"（人教版八年级数学下册）的教学片段。在教学的开始，教师选用一个模型，让学生通过直接观察得到猜想，使抽象的知识具体化、形象化，为学生构架由形象到抽象过渡的桥梁。教师选用多媒体辅助教学，既形象又直观，能够迅速激发学生学习的兴趣。通过这样一个案例，让学生对勾股定理有一个感官上的认识，再引导学生继续探究。整个教学过程，既能够很好地培养学生的直观力，又能够激发学生深入学习的兴趣。

2.5.5 所用知识的确定

教师要考虑对已有知识的提问深度、讲解程度，对所学知识的拓展、提示的范围、新旧知识的衔接点、已有各种知识的联结点、学生认知结构中的生长点和触发点等。

总之，数学课堂导入的设计，要以创设自然、真实、和谐的课堂探究环境为第一要务，在学生的情感体验与思维冲突中激发其学习热情。在体验过程中，落实基本知识和基本技能、发展能力，同时培养学生自主探究的能力。在数学教学中，再好的导入规划也要配合灵活的具体操作，要在数学课堂教学中探究新"产生"的思路，不断完善导入设计，让数学教学在自然和谐的状态中取得最佳效果。

第3章 一切教学活动的最基本行为
——论语言技能的运用与提升

请看"整式的加减"(人教版七年级数学上册)的教学片段。

师:同学们,上一节课我们已经学习了整式的加减。我们都知道,若整式中有同类项,要先合并同类项后再求解;若是几个整式相加减,如果有括号,就先去括号,然后再合并同类项。那大家回忆一下去括号的法则是什么?大家一起来说说。

生:如果括号外的因数是正数,去括号后原括号内各项的符号与原来的符号相同;如果括号外的因数是负数,去括号后原括号内各项的符号与原来的符号相反。

师:很好。那大家来看一下下面的这道题应该怎么做?"已知$A=2x^2+3xy-2x-1$,$B=-x^2+xy-1$,且$3A+6B$的值与x无关,求y的值。"(几分钟的思考时间后,教师便在黑板上分析了起来)首先,把A与B的值代入$3A+6B$,可以解$3A+6B=3(2x^2+3xy-2x-1)+6(-x^2+xy-1)=15xy-6x-9=(15y-6)x-9$。由于$3A+6B$的值与$x$无关,所以$15y-6=0$,即$y=0.4$……

这种陈述式的数学语言讲解,要求学生一上课就要进入到紧张的学习状态中,但从实际的课堂教学情况来看,上课伊始,枯燥的数学陈述性语言难以吸引学生的注意力,无法激发学生的学习兴趣,会导致学生的学习效率降低。

3.1 语言技能的概念

语言技能是教师传递信息、提供指导的语言行为方式,它是一切教学活动(如传授知识和技能、培养能力和方法、表达思想感情、激发学习兴趣等)的最基本的行为方式。语言技能是由基本语言技能和适应教学要求的特殊语言技能两方面构成的。

3.1.1 基本语言技能的主要构成

1)组织内部言语的技能

人们在说话时,都是先想后说或边想边说。"想"就是组织内部言语,思考"为什么说？""对谁说？"，以及说话的意向与要点。负责内部言语的生成与组织的部位是大脑神经中枢。看到外界事物获得的印象，以及听学生回答问题时获得的信息，马上进入大脑神经中枢加工，经过迅速地分析、综合、归纳、演绎，或引起联想，或生发想象，形成内部言语。内部言语组织得快，则语言就会流畅、连贯；内部言语组织得好，则语言就会清晰、有条理。可见内部言语的组织能力，是构成基本语言技能的第一要素。

2）快速语言编码的技能

人们在说话时，也是把内部言语经过扩展进行编码的短暂过程。使语言能够顺利编码的条件有两个：一是有一定的口语词汇的储备，这是语言编码的符号材料，如果教师口语词汇的储备多，则讲解时对词语就有较多的选择可能，语言就会准确、流利、生动；二是要掌握把词语按正确次序组合的规则，即懂得语法规范，这是语言编码的结构法则。语法规范是人们在长期语言实践中获得的。在语言编码中，只有符合语法规范，学生才能听懂。总之，快速语言编码技能，是构成基本语言技能的第二个要素。如果这种技能缺乏训练，讲话时由于一时想不起恰当的词汇，就会导致停顿的现象较多，或是词不达意。

3）运用语音表情达意的技能

人们说话是把内部言语经过扩展，并编码成一定语句，同时大脑神经中枢控制发音器官，发出不同音高、音强、音长的语音波，变成外部语言（有声语言）。由于人类除有口腔外，还有一个人类特有的咽腔，转动灵活的舌头，能发出多种音高、音强、音长的语音波，使有声语句，不仅能表达各种意思，而且能传达出多变动人的感情色彩。善说的人很会运用语音、语调、语速、语量的变化表情达意，从而增强表达的效果。可见，运用语音表情达意的技能，也是构成基本语言技能的一个重要因素。

3.1.2 教学语言的特殊结构

在课堂上，教师要从一定的教学目标、教学内容、教学对象、教学媒体出发来组织自己的语言，这就形成了课堂教学语言的特殊结构。

教师在课堂上无论讲解还是提问，从一个完整的段落来看，其基本结构是由三个要素（阶段）构成的，即引入、介入和评核。

1）引入

教师用不同的方式，使学生对所学内容做好心理准备。此要素的细节包括界限标志——指明一个新话题的开始；点题、集中——明确要求的目的；指名——指定学生作答或操作。

2）介入

教师用不同的方式，鼓励、诱发、提示学生做出正确答案，或执行教师的要求。此要素的细节包括提示——教师提示问题、提供知识和行为的依据；重复——对学生的回答作重复，以引起全体学生的重视，或做出判断；追问——根据学生错误或不完全正确的答案，再提问题，引导深入思考，得出正确的答案。

3）评核

教师以不同的方式处理学生的回答。此要素的细节包括评价——对学生的回答加以分析、评论；更正——学生的答案还不正确或思想方法不全面，教师予以剖析、更正；追问——继续设问，引发更加深入而广泛的思考；扩展、延伸——在已经得到正确结论的基础上，联系其他有关资料和相关问题做分析、探索。

3.2 语言技能的功能

教师教学语言的魅力在于能够在教学过程中化深奥为浅显、化抽象为具体、化平淡为神奇，从而激发学生学习的兴趣，引起学生的注意力和求知欲。数学教学离不开教学语言，教师的教学语言修养良好，常常可以为教学锦上添花；相反，如果教师的教学语言修养不高，往往直接导致教学的失败。良好的数学教学语言修养应当成为每一位教师的自觉追求。因此，应首先清楚数学课堂语言技能运用的目的。

3.2.1 传递准确的知识信息

请看"平行与垂直"（人教版四年级数学上册）的教学片段。

在讲授"两条直线不相交就一定平行"这一结论时，虽然在平面几何中是成立的，但在立体几何中却是错误的。因为它有可能是两条异面的直线，所以在表述这一结论时应强调必要的前提条件——在同一平面内。

上例说明了在数学教学时，知识信息的传递应该具备准确性，否则，差之毫厘，谬以千里。

3.2.2 组织优化课堂教学秩序

例如，在教学进行时，某学生穿着拖鞋进课堂，拖鞋发出的响声吸引了正在认真听课的学生们的注意力。这时教师故意盯着这位同学的脚，说："同学们，如果我也光着脚丫，穿着拖鞋登上讲台，你们会有什么感觉呢？这样的形象美吗？"

该教师用间接性提醒的语言轻点几句，虽没有直接训斥，却能让受评判的学生在众人的眼光中认识到自身的错误，同时还能警戒其他同学，从而恰当有效地组织课堂教学秩序。

3.2.3 激发学生的学习兴趣

请看"点、线、面、体"(人教版七年级数学上册)的教学片段。

师：不识庐山真面目，只缘身在此山中。大家对于陪伴我们学习、呵护我们成长的大教室，是否注意过？

生：(微笑摇头)没有。

师：(还之以笑)这我是知道的，大家向来上课是不分心的。不过，今天我们还真得分分心，看一看教室都留给了我们哪些几何体特征的形象？

生：正方体特征的形象，四棱柱特征的形象，长方体特征的形象(学生边看边随口说到)。

师：是啊，我们认识周围的物体，往往先从它们的几何结构特征即形的角度把握它们。今天，我们一起跨入立体几何的大门，来领略空间中的数学美。

教师通过生动活泼而又富有趣味性、幽默性的教学语言，有效地激发了学生的学习兴趣。

3.2.4 发挥语言表达的示范作用

例如，"A 除以 B"和"A 除 B"，一字之差，意思却是相反的。

再如，"方程 $f(x)=0$ 的解是 0"说明此方程有解，零就是它的解；"方程 $f(x)=0$ 的解的个数是 0"则说明此方程无解。虽只有几字之差，但是表达意思却完全不一样。

教师的教学语言对学生是最具体而直观的示范，对培养学生的语言能力起着重要的作用。因此，作为数学教师，要教会学生用规范准确的语言表达自己的思想，用完整简练的数学术语说明概念、解释原理。优秀的教师，在教学中能够对学生产生潜移默化的影响，使学生从自觉或不自觉地模仿教师的语言，到自身灵活地表达，逐步提高语言表达能力。

3.2.5 实现师生间的情感交流

请看"轴对称"(人教版八年级数学上册)的教学片段。(伴着美妙的《千纸鹤》纯音乐)

师：同学们，大自然对于对称的创造有很多。抬头仰望天空，低首俯瞰大地，只要细心观察，在拥有生命的地方，都有着对称的足迹。花丛中翩翩起舞的蝴蝶，天际中翱翔的大雁，长空中横跨的彩虹，秋日里片片翻飞的枫叶，甚至我们每一个人微笑时绽开着的脸庞，何处不蕴含着对称之美？！有人说，是因为美，大自然才选择了对称，那么同学们请深入地想一想，这当中，真的仅仅是因为美吗？

上述数学教学语言，宛若一首优美的散文诗，让学生不仅感受到对称的美，也感受到数学的美，以及教师身上所散发的人格魅力。

3.3 语言技能的应用原则

数学教学语言是教师在数学课堂教学的具体条件下（有明确的教学任务、特定的教学对象），使用规定的教材，达到某种预定的教学目的的活动中使用的语言。合理利用数学教学语言，需要准确把握以下基本原则。

3.3.1 知识性原则

请看"勾股定理"（人教版八年级数学下册）的教学片段。

教师对勾股定理的历史背景进行如下简介。勾股定理是"人类最伟大的十个科学发现之一"，是初等几何中的一个基本定理。那么大家知道多少勾股定理的别称呢？我可以告诉大家，有毕达哥拉斯定理、商高定理、百牛定理、驴桥定理和埃及三角形等。勾股定理有十分悠久的历史，几乎所有文明古国（中国、古希腊、古埃及、古巴比伦、古印度等）对它都有所研究……（教师滔滔不绝地讲解中）

虽然这位教师的出发点是为了让学生了解勾股定理的历史背景，从而激发学生的学习兴趣，但是如此长篇大论下来，半节课的时间过去了，与本节课将要学习的主要知识点却仍未有联系，应适可而止。

3.3.2 目的性原则

请看"乘法的初步认识"（人教版二年级数学上册）的教学片段。

上课伊始，教师创设了这样的情境。

师：同学们喜欢小动物吗？

生：喜欢！

师：好！今天，老师就带大家一起走进美丽的大森林。（电脑播放了一部精彩的动画片《美丽的森林》）接着让学生观看并提问："你发现了什么？"

学生观看后纷纷积极发言。

生1：我发现这儿真好玩！有小动物，有房子、流水和小桥。

生2：我发现小河里的水还在流动呢！

生3：我发现小河里还有鱼儿在游呢！

生4：我发现停在草地上的小鸟的头还在动呢，它们是在啄米，还是在吃虫子？

生5：我发现小桥上有三只小狗，它们是要去哪里呢？

生6：那里的两座房子，哪座是小鸡的家，哪座是小狗的家？

生：……

至此,十几分钟过去了,学生们在老师"你发现得真好!""你真有想象力!"等的夸奖下,不断有新的发现。

上述情境虽然声像俱佳,学生们也在老师的鼓励下积极发言,引发了思考和探究,但与将要学习的知识又有多少关系呢?如此毫无针对性又拖沓的课堂行为,除了热热闹闹地走过场,浪费时间外,别无他用。

3.3.3　针对性原则

例如,当教学中出现式子"$A \Leftrightarrow B$"时,根据听课对象的不同而有不同的表述。

在大学课堂中,教师可以对学生直述该式子表示为"A 当且仅当 B";

在高中课堂中,教师可以稍详细地说明:"$A \Leftrightarrow B$"表示 A 是 B 的充分必要条件。若学生仍不懂其意,教师则可以进一步对"充分必要条件"加以解释:A 是 B 的充分条件,指的是有 A 就有 B,即如果 A 成立,那么 B 就一定成立;A 是 B 的必要条件,指的是没有 A 就没有 B,即如果 A 不成立,那么 B 就一定不成立。

根据不同学龄阶段的学生,采用有针对性的描述与解释,既不会让高年级的学生觉得啰唆,又不会让低年级的学生不知所云,这正是符合针对性原则的教学语言。

3.3.4　简洁性原则

例如,在"证明13是素数"的题目中教师可以有如下表述。

因为一个数只能被1和它本身整除,这个数就是素数;而13只能被1和它本身整除,所以它是素数。

再如,"经过两点有且只有一条直线",即可简化为"两点确定一直线"。

上述两例中简洁明了的教学语言,让学生容易理解的同时也便于记忆。

3.3.5　激励性原则

请看"除数是一位数的除法"(人教版三年级数学下册)的教学片段。

(教师出示题目 $44 \div 6 = \_\_\_\_$,并引导学生思考。)

师:什么数乘以6接近44?

生:6。(此时,没直接否定学生,而是通过恰当的语言来引导学生继续思考)

师:6乘以6等于多少?

生:36。

师:你们还能找到一个更接近的数吗?

生:8。(犹豫中)

师：6乘以8等于多少？

生：48。

师：48，太大了，还能想出什么……

生：（进一步思考，弱弱答道）6乘以7等于42。

师：（微笑点头）

教师没有在一开始当学生说出"6"时，就直接否定，而是循循善诱，以春风化雨般的语言激励学生继续思考，直至给出正确答案。这样不仅使学生对接下来的学习信心倍增，而且加深了对除法知识的理解与掌握。

3.3.6 通俗性原则

例如，在讲授"锐角三角函数"（人教版九年级数学下册）时，可给予学生诱导公式的口诀：奇变偶不变，符号看象限。

又如，在讲授"直线"（人教版七年级数学上册）这一抽象的概念时，可以利用夸张的通俗化语言作形象的描述：直线可以想象成黑板边缘无限伸长，射过教室的门，穿过操场，直直越过高山，透过云层，直接射穿地球，还继续向着外太空延伸，令学生更加形象化的理解抽象的概念。

再如，在讲授"合并同类项"（人教版七年级数学上册）时，可以用生活中的例子做类比：我们知道三只鸟加两只鸟等于五只鸟，但是我们不会说三棵菜加两只鸟等于五只菜鸟。

上述例子中的数学教学语言都具有通俗易懂的特征，或朗朗上口，便于记忆；或化抽象为形象，便于理解，令学生对枯燥乏味的数学知识感到亲切自然，更乐于接受。

3.3.7 启发性原则

请看"倍的认识"（人教版三年级数学上册）的教学片段。

师：同学们能猜出老师的年龄吗？

生：20、25、30、40……

师：（继续引导）老师的年龄是4的倍数。请你根据这个条件，再猜老师的年龄。

生：（大部分答）36岁。

师：有可能吗？

生：（偷笑）有可能。

师：（淡笑）36岁恰好是4的9倍，还有不同的答案吗？

生：28岁。

师：28岁恰好是4的7倍，还有不同的答案吗？

生：32 岁。

师：有没有同学猜 8 岁的？（学生摇头偷笑）

师：（故作无知）笑什么？8 不也是 4 的倍数吗？

生：8 岁比我们还小，不可能。

师：对了，说明猜想是要有依据的。老师再补充一下条件，老师的年龄是 4 的倍数，还是 6 的倍数，你们能根据老师的实际情况猜出来吗？

生：24 岁。

从学生一开始盲目地猜不出正确的年龄，到让学生根据条件猜想，特别是教学中启发学生"教师年龄比学生大"这一现实的条件，潜移默化中让学生明白猜想是要有依据的，更重要的是对有关"倍"的知识进行了巧妙的练习。

3.3.8 审美性原则

请看"投影"（人教版九年级数学下册）的教学片段。

（让同学们观看一段手影戏）教师在一旁解说：云微天淡，清风鸣蝉，鸟儿觅食，憨态可人。白鹿畅饮，神态悠悠，安享恩泽。青蛇灵动。眨眼间，天河幻化，银波万顷，娇鹅嬉戏，呼朋引伴，悠然自得。弹指云烟，万物新生，广被四方。人影幢幢，几度春秋。叹谁之墨笔，渲染指间，霎时，奇珍之物，变化无穷。马踏而过，嫩芽新长，花枝渐成，轻摇临风。繁花似锦，竞相争艳，上通九天，下流八荒。苍穹之间，乌鹊枝眠，鸣声啾啾。这一曲一手构成的幻化世界，同学们觉得这种艺术神奇吗？大家感受到它的魅力所在吗？

教师优美的语言解说，把学生带向了一个美妙的人间仙境，让学生在感受投影的艺术魅力的同时，也增加了学生的学习兴趣。

3.4 语言技能的类型

教师课堂语言技能不仅是研究语音、语义、词汇、语法等语言的构成要素，还要侧重对语言的内容与作用进行探讨。依据课堂教学中所运用的语言技巧和能力划分，并根据数学学科的知识与课堂教学的特征，可将语言技能分为表演性语言技能、启发性语言技能、解释性语言技能、论证性语言技能及态势语言技能五类。

3.4.1 表演性语言

教师课堂语言要求教师以正确的情感、较好的语言表现力，准确表达教学内容，以情动人、以情导学，使学生更深入地进入到学习情境中。教师多样化的语言形式、丰富的词汇、生动而不入俗的语言，能够把数学知识变得生动有趣，从而激发学生学习的兴趣。具有艺术情趣和魅力的语言就是一种表演性语言。

案例——"投影"（人教版九年级数学下册）：本节课要求了解投影的有关概念，能够根据光线的方向辨认物体的投影，了解平行投影和中心投影的区别，了解物体正投影的含义，能够根据正投影的性质画出简单平面图形的正投影；通过对物体投影的学习，使学生学会关注生活中有关投影的数学问题，提高数学的应用意识；通过学习，培养学生积极主动参与学习数学活动的意识，增强学生学好数学的信心。请参阅如下片段。

师：同学们看一下，老师手中拿着的是什么？

生：手电筒。

师：同学们是不是觉得很奇怪，老师上课带个手电筒干什么？是为了驱除黑暗，还是为了拯救光明？都不是。大家看一下，当老师打开手电筒把光照到手上时，我身后的黑板上出现了什么？

生：手的影子。

师：对了，同学们也可以在灯下张开双手，看看双手在桌面上是不是也形成了影子。（学生们好奇地比着各种手势，欣赏起来。看！我在课桌上形成的影子是孔雀，哈，还有老鹰……）

师：好，这说明有光就有影，光和影是密切联系的（结论）。

师：（创设情境）同学们有没有看过手影戏呢？手影戏，就是一种利用光和影的表演艺术，现在就先让我们来走进手影的世界。（播放手影视频）同学们觉得这种艺术神奇吗？

生：神奇。

师：这种神奇的艺术表现形式，从数学的角度看，就是利用了投影的原理（板书：投影）。那么，同学们观看完这个手影戏，谁能捕捉到投影的一些特征？谁来说说看？

生：老师，太快了！

师：同学们是不是觉得影片播得太快了？没关系，下面就让我们从静态图片中观察投影的应用，看看它们到底有什么共同的特征。日晷（PPT图片显示用针影观时的日晷）是利用日光的照射，让晷针的针影投到刻度盘的不同位置来表示不同的时间；皮影戏，是利用灯光照射，把影子形态反映在幕布上的表演艺术。同学们有没有感到我们中华民族艺术的博大精深？

生：有。

师：那么，同学们回忆一下，我们日常所见的手电筒、创意独特的手影节目，还有这些富有艺术性的图片，它们都呈现出什么共同的特征？

生：都是利用光线照射在物体上，在某个平面上得到的影子。

师：对。（板书：光——照射——物体——平面——影子）

那么，我们来看一下在书中投影又是如何严格定义的。（出示定义）

师：（在定义的基础上出示手电筒解说）就像手电筒照在这个黑板上，这块黑板所在的平面就是投影面，而手电筒发出的光线就是投影线。既然我们已经知道投影的定义，那么，同学们看一下这幅猴子捞月图（PPT图片展示），说说看这幅图中猴子和月亮，哪个是投影？

生：月亮。

师：很好。水中的月亮就是天上月亮的投影。同学们知道了什么叫投影之后，还会不会像这群猴子一样，傻傻地以为月亮是掉到水里，要跑去水里捞月吗？

生：（笑着摇头）

师：其实，生活中由投影引起的误会还有一个典故"杯弓蛇影"。相传古时候有个人去朋友家喝酒，当他端起酒杯时，竟发现酒杯中有一条蛇。回家后，他便大病一场。后来真相大白，原来所谓的蛇竟是挂在墙上的弓投在酒杯中的影子。那么同学们学了投影之后，可就不能像这个人一样，被一个影子吓得大病一场。

由于九年级学生的认知水平层次较高，使他们的课堂学习主要采用有意义的接受学习，伴随着学生学习主动性、探究性的不断提高，他们开始更多地采用发现学习（发现学习是指学生在学习情境中通过自己的探究活动获得知识的一种学习方式）。因此，在教学过程中，教师通过手电筒的演示、富有趣味性的手影戏，以及一些应用投影的图片使学生感受并发现投影与生活的息息相关，在欣赏的同时，也使学生更加热爱科学，有助于德育的培养。通过结合优美的语言解说，让学生在增长见识的同时也能更兴趣盎然地学好针对性的知识。

3.4.2 启发性语言

古人说："话令人惊不如令人喜，令人喜不如令人思。"语言的启发性要求教师的语言能够启发学生的积极思维，注意调动其学习主动性，引导其独立思考、积极探索、生动活泼地学习，自觉地掌握科学知识和提高分析问题及解决问题的能力。曾有人说："平庸的教师只会叙述，好教师会讲解，优秀的教师善于启发。"教师的启发，就是为了引起学生对已有知识或生活经验的回忆，或通过教师提供的材料和所提问题建立起联系，从而使学生的思维由感性上升到理性，达到对知识本质的理解。

案例——"平移"（人教版七年级数学下册）：七年级学生的直观认知能力比较强。根据瑞士儿童心理学家皮亚杰的认知发展理论，教学中可让学生在自我观察与探索中自我感知与发现。因此，在教学过程中，通过用启发性的语言及故事改编等方式来激发学生的学习兴趣，在加深学生对平移这个抽象概念的直观认识的同时，也能够从中达到锻炼其语言表达能力的目的。请参阅如下片段。

师：同学们，上课之前，老师先给大家讲一个故事（与动画视频同步）。相传，很久以前，北方住着一位年近90岁的老人，他的名字叫愚公。愚公家门口有两座山，一座是太行山，一座是王屋山，千百年来阻挡了南北的交通。于是愚公召集全家人商议，决定搬离这两座大山。第二天早晨，他们全家人就行动起来了，把一堆堆的泥土和石块移到渤海边。邻居们知道了这件事，都过来帮忙，只有一个叫智叟的老人不以为然。他来劝愚公，说："你老得连根草都拔不动，竟敢要移走这两座山，真是自不量力。"愚公对他说："山上的沙石是不会增多的，而我死了以后还有儿子，儿子死了以后还有孙子，子子孙孙无穷无尽，为什么不能把山移走呢？"智叟听了之后哑口无言。后来这件事被天帝知道了，他被愚公的精神感动，派出了两名大力士，把两座山给移走了。同学们知道这是出自哪个成语故事吗？

生：愚公移山。

师：嗯，这个故事告诉我们，做事要持之以恒。那同学们看一下，这两座山是怎么被移走的？你能用手势或手中学具表现出它们吗？（用卡纸做成两座山进行演示）同学们看，这座山从这边移到那边，它的形状大小发生变化吗？

生：不变。

师：通过刚才的演示，你们发现它们都是沿着什么运动的呢？

生：直线。

师：其实，在我们的日常生活中，这种运动现象随处可见。像轮船沿着直线航行，热气球沿着直线升向天空，滑冰运动及小孩玩的滑梯游戏等，这些都是平移的现象。

平移是指在平面内，将一个图形沿某个方向移动一定的距离，这样的图形运动称为平移。（板书）

师：同学们注意啦，平移时物体必须沿着直线运动，即其本身的方向不能改变。（教师画出直线和箭头，表示沿直线运动，方向不改变。）其实，愚公移山的故事还有后续。这天，一个半吊子神仙不服气自己不被重用，于是，他也想用法术移山，同学们看（这次山沿曲线移动），这座山是在做平移运动吗？

生：不是。

师：为什么？

生：因为它不是沿直线运动的。

师：嗯，所以他自己也深感惭愧，决定回去修炼，明天再来。于是，第二天，他移动一半后觉得太累了，又调了方向往回移，那这还是平移吗？

生：不是。

师：为什么？

生：方向改变了。平移时方向是不能改变的。

师：所以，大家做事情不能像这个半吊子神仙一样半途而废。其实，同学们，在我们的日常生活中，艺术家也常运用平移创造出美丽的图案……同学们也想创造出这样美丽的图案吗？那么接下来大家运用平移的知识来画一画、剪一剪、贴一贴，老师相信你们的作品会更出色、更漂亮。

在教学过程中，教师通过对愚公移山故事的改编导入，结合视频和手势向学生展示平移的过程，列举生活中常见的平移现象，从而让学生对平移这个抽象的概念有更直观的认识，既陶冶了学生的情操，也进行了针对性的德育教育。

3.4.3 解释性语言

所谓"解释性语言"，就是学生在学习数学概念的时候，能够用熟悉的事实或事例对概念本质进行描述或做出解释。这种描述或解释不同于用数学的符号语言或用精准的文字对概念进行定义，它具有多样性，且带有个性化色彩。不过，它所触及的却是概念的本质内涵，是对事物的成因、功能或相互关系、演变等作清晰准确的解说和剖析，它要求要明白无误、语言简练、注重启发还要有针对性，目的是帮助学生加深理解，以便最终形成概念。

案例——"直线和圆的位置关系"（人教版九年级数学上册）：九年级学生上课注意力容易不集中，对枯燥乏味的知识讲解容易产生厌烦情绪，但思维活跃，对感兴趣的知识有着浓厚的学习兴趣，因此，教师宜采用优美而有说服力的解释性语言最合适。请参阅如下片段。

师：同学们，你们有看过海上日出吗？

生：没有。

师：老师曾在海边拍了几张海上美丽日出的照片，现在与同学们共同观赏。第一张照片是在太阳刚刚露出海面时拍的，老师给它取个名字，叫作嫩阳新长。

当老师还沉浸其中时，太阳又悄悄地升上一大截，于是老师又马上抓拍下了这一张（出示另一张图）。我们可以看到圆圆的太阳正停留在海平面上，散发着柔和明亮的光芒，我给它取了个富有诗意的名字——海上明珠。

又过了几分钟，太阳又徐徐上升，跃上了万里晴空，悬于天际，（出示第三张图）于是，老师给这张照片取的名字叫作明日高升。同学们，大家听了老师的描绘后，是否也觉得海上日出有一定的诗情画意呢？

生：是。

师：但它不仅有着诗情画意的美，而且蕴含着我们意想不到的数学美。今天，就让我们来挖掘出它的数学之美。大家看，我们将海平面看作是一条直线，太阳的最外一周看成是个圆，我们可以清楚地看到什么？

生：直线与圆刚好有两个公共点。

师：这时，我们就称直线与圆的位置关系是相交。当圆继续上升，到与直线只交于一点时,就是刚刚的第二张图。我们把它们抽象地画出来,可以清楚地看到什么?

生:直线与圆只有唯一的公共点。

师:这时,我们就称直线与圆的位置关系是相切。当圆徐徐上升,跃于直线之上时,我们可以清楚地看到直线与圆没有公共点,这时,就称直线与圆的位置关系是相离。

在教学过程中,教师通过抓拍海上日出在不同时刻的照片向学生诠释数学就在我们的生活中,利用富有趣味性和感染力的教学语言来吸引学生的注意力,激发学生的求知欲,并引导学生观察、分析,丰富了学生对图形变换的认识,培养学生探索、观察的能力的同时也有利于良好数学化思想的形成。

3.4.4 论证性语言

论证性语言以语言的系统连贯、逻辑的严密精细、用词的准确无误、语气的威严自信为特征。论证性语言的表述首先要语言精练、清晰明快、令人信服;其次要有内在的逻辑性,即要思路清晰、前后呼应、目的明确;最后,应注意语调平稳有力,充满自信,节奏快慢适度。

案例——"分数的初步认识"(人教版三年级数学上册):三年级学生由于知识经验相对贫乏,以具体形象思维为主,往往只善于记忆事物的外部特征,掌握知识之间的外部联系。这样的心理发展水平决定了此学龄的学生在学习活动中机械记忆仍占主导地位,他们更倾向于通过教师讲自己听的接受学习方式进行学习,带有明显的机械成分,较多知其然而较少知其所以然。而本节课,是为了让学生结合具体情境进一步认识分数,知道把一些物体看作一个整体平均分成若干份,其中的一份或几份也可以用分数表示。基于上述分析,采用论证性的语言最合适。请参阅如下片段。

师:请同学们把书翻到89页,自学书本,可以将有关文字小声地读一下,将图仔细看一看,看懂的和同桌说一说。(学生自学课本)

师:(停顿)谁来讲讲书上告诉我们"半个"用怎样的数来表示?它表示什么意思?

生:用$\frac{1}{2}$表示。它表示把一个蛋糕分成2份,每份是二分之一。

师:每份是$\frac{1}{2}$,是谁的二分之一?

生:是蛋糕的二分之一。

师:把一个蛋糕分成2份,那我这样分行吗?(教师将蛋糕图片一大一小地分好后,提问)

生：不行。

师：因此，在你们刚才的回答中缺少了一个比较重要的词，能连起来再说一遍吗？

生：把一个蛋糕平均分成2份，每份是它的二分之一。（教师有适当的提醒）

师：好！还有谁来说？

生：用 $\frac{1}{2}$ 表示，它表示把一个蛋糕平均分成2份，每份是它的二分之一。（教师通过层层点拨，引导学生理解什么是 $\frac{1}{2}$。）

在教学过程中，教师首先让学生自学课本中关于几分之几的概念，再通过对关键字的提示与图片的展示，使学生掌握概念的关键之处，再用自己的语言精练清晰地表达出来，符合论证性语言的内在逻辑，初步形成数学语言的表达能力。

3.4.5 态势语言

态势语言是配合口头语言的体态动作，如手势语言、眼神语言、头部动作、身体姿势和面部表情等。苏联教育家加里宁曾说："教师仿佛每天都蹲在一面镜子里，外面有几百双精细、敏感、善于窥测教师优缺点的孩子的眼睛，在不断地盯着他。教师必须加强道德修养，拥有一颗美好的心灵。"体态语言只有和谐自然地流露才能给人以美的享受。在教学过程中，教师的语态要自然，要融入自己的感情。教师不仅要具有较强的口语表达能力，而且要善于用动作表情来辅助说话，也就是要善于用态势语来表情达意。

1）手势语言

教师恰当的手势动作在课堂教学中起着不可忽视的作用。生动的有声语言如果有得当的手势与之配合，往往更富有感染力，会收到积极的教学效果。比如，在讲授"平移"与"旋转"这两个概念时，若配合手势进行讲解，会更易理解、更生动形象。

2）眼神语言

俗话说"眼睛是心灵的窗户"，在教学过程中教师应留心自己的身体语言，特别注意用眼神与学生交流。教师的目光应平和有神，专注而不呆板。当学生发言精彩时，教师应该投以赞许的目光，起到表扬鼓励的作用；当学生因胆怯慌张而回答不畅，甚至语无伦次时，教师应该投以热情期待的目光，减少学生的紧张感。

3）体态语言

古希腊哲学家柏拉图曾经说："最美的境界是心灵的优美与身体的优美和谐一致"。教师在运用体态语言时，应做到有感而发，以尊重学生为主，不应随意使用否定性、蔑视性或敌视性的体态语，以免伤害学生的自尊心与自信心，不利于学生身心健康的发展。总之，教师应不断加强自身的修养，只有做到举止优雅得体、气度儒雅，才能赢得学生的信赖和爱戴。

3.5 语言技能的实施策略

数学教师必须做到教学语言逻辑性强，能把思路表述得有条有理；教学语言简洁明了，能把复杂的事物简单化；教学语言生动形象，能把抽象的事物具体化；教学语言感情充沛真挚，能打动人心，在学生的心里打下深深的烙印，使其难忘。因此，掌握数学教学语言技能，是成为一名优秀的数学教师的前提。教师运用语言技能时，要注意以下实施策略。

3.5.1 数学教学语言应具有规范性

教师的语言要声音响亮、吐字清晰、前后连贯、语言规范、言辞达意、简明扼要、思路清晰、论证合理。

请看"平行和垂直"（人教版七年级数学上册）的教学片段。

师：同学们，两根铅笔掉在地上，可能会出现什么样的几何位置关系呢？请大家用铅笔在桌子上摆一摆可能出现的位置，然后再把它们展示出来。

接下来，教室里"沸腾"了，铅笔掉在地上响起的声响，不绝于耳。可是到了该展示的时候，学生们摆来摆去，虽然摆法各异，但教师预想的"垂直与平行"却就是"千呼万唤不出来"。就这样时间过去了一大半，教学陷入了尴尬的境地。

教师创设情境目的在于让学生通过活动，探究出铅笔掉在地上会出现平行与垂直这两种情况，但是教师却忘了在有限的时间内，"垂直、平行、不垂直、不平行"出现的概率是否会相等是很不确定的，也许整节课用来"扔铅笔"都未必有"垂直和平行"这两种情况发生。所以，教学语言应有一定的合理性、逻辑规范性，才能使教学有条理地进行。

3.5.2 数学教学语言应具有简洁性

德国数学家莱布尼茨曾说："符号，以惊人的形式节省了思维。"符号、公式的运用，不仅大大缩减了数学材料的篇幅，也便于学生记忆，但教师也必须熟记各类符号的读法。数学教学语言的多少要恰到好处，不能拖泥带水。要把握讲话的分寸；要抓住重点、难点，言简意赅。也不能经常出现"哼""哦""那么""啊"等口头语。数学教学语言表现出一个数学教师的基本素养。

例如，在讲"锐角三角函数"的时候，教师通常以"奇变偶不变，符号看象限"这一口诀使学生记住诱导公式。

又如，在讲"多位数读法"的时候，有"多位数读法"歌。

读数要从高位起，哪位是几就读几，
每级末尾若有零，不必读出记心里，
其他数位连续零，只读一个就可以，
万级末尾加读万，亿级末尾加读亿。

如此简洁，抓住要点的顺口溜，使学生便于记忆，有利于提高课堂的学习效率。

3.5.3 数学教学语言应具有生动性和趣味性

教师的语言要生动形象，就是既要活泼、逼真，又要浅显易懂，使学生有"如临其境""如见其人""如闻其声"的感觉。这就要求教师首先要善于巧妙地运用语言的艺术，引人入胜，要善于联系实际，恰当举例，从而生动、形象地再现教材的知识和思想，构架起感性认识和理性认识之间的桥梁。

请看"解一元一次方程"（人教版七年级数学上册）的教学片段。

话说唐玄奘师徒四人从西天取经回来后，孙悟空成为如来佛祖派去周游世界的形象大使。这天，他一个筋斗十万八千里来到了古希腊。忽然听有个人在叫他，就连忙回头，他看见一个头顶光圈，长着翅膀的老人，便问道："您是何方神圣，为什么叫我？"老人回答道："我是希腊数学家丢番图，如今天国的天使，大圣可知我有多少岁吗？你要能答出来，我就带你去见上帝！"孙悟空听了高兴得不得了，便说："好啊，好啊，俺老孙还从没见过上帝呢！请出题吧！"话音刚落，老人把手一挥，他们便来到了丢番图的墓碑前，上面写道：他生命的六分之一是幸福的童年，再活十二分之一，唇上长起了细细的胡须，他结了婚，又度过了一生的七分之一。再过五年，他有了儿子，感到很幸福，可是儿子只活了父亲全部年龄的一半，儿子死后，他在极度悲痛中活了四年，也与世长辞了。孙悟空这个斗战胜佛看完之后，也犯起了难。同学们，能帮孙悟空解决这个问题吗？

该问题较为复杂，知识点也相对枯燥抽象，但由于是以新奇的故事来引入，语言生动有趣，使得学生思维活跃，纷纷计算和讨论起来，课堂气氛融洽，学习效率倍增。

3.5.4 数学教学语言应具有韵律性

数学教师语言应注意抑扬顿挫和节奏起伏的变化。语气、语调、语速和语言的停顿，是语言表情达意、渲染强调的重要手段。激昂时，可像疾风骤雨，排空而过；欢快时，犹如鸟鸣树林，轻舟荡水；加重时，好似重锤击鼓，铿锵有声；深沉时，又像春雨入夜，润物细无声。

请看"旋转"（人教版九年级数学上册）的教学片段（伴着美妙的"克罗地亚狂想曲"纯音乐及生动的图片展示）。

有一道风景,如童话般,注定让人记忆深远,这便是风车在风的带领下时缓时急不停地转动。在我们身边,只要你留心观察,还会发现许许多多转动着的物体,如行驶在人流中的车轮、翻滚在乡村田野间的水车、屹立在海岛上的风力发动机、记录时间流逝的指针、游乐园孩童们嬉闹的大转盘……其实,我们就生活在一个处处能见到旋转现象的世界里,让我们一起走进旋转的世界吧!

教师抑扬顿挫、富有感情的流畅话语,恰到好处的语调和节奏,无形中构成的韵律,令学生幻若身临其境。在宛如优美散文诗的意境中,学生发挥着自己的想象力,感受着语言之美,感受着轴对称图形的美。轴对称图形如此打动人心的语言之美,怎能不让学生记忆深刻!

3.5.5 数学教学语言应具有启发性

数学教学语言能启发学生的积极思维,调动其学习主动性,引导其独立思考、积极探索,自觉地掌握科学知识,提高分析问题和解决问题的能力。

请看"比一比"(人教版一年级数学上册)的教学片段。

活动一:先让学生观看"孙悟空龙宫取宝"的动画片段,让学生们感知长短。

师:同学们,孙悟空打妖怪用的是如意金箍棒,这根棒子上可通天,下可入地,还可以塞到耳朵里去,为什么呀?

生:因为它会变长也会变短。(先让学生达到感知长短的目的)

师:(在黑板上画两条线)(图3-1)请同学们认真观察,发现了什么?你能用一句话来描述它们吗?

图 3-1

生:第一条线比较长,第二条线比较短。

师:那同学们是如何比较出来的?

生:是把一端对齐后看出来的。

师:很好,我们通常是通过一端对齐来比较。(拿出两根长短不同的粉笔)请同学们来比一比,看这两根粉笔谁比谁长,谁比谁短。

生:(学生通过一端对齐后可以很明显看出长短)

师:(接着,拿掉其中一支粉笔)它自身能比较长短吗?

生:不能。

师:为什么?

生：（就是觉得不能，但又无法表达其意思）

（接下来，教师引导学生知道长短比较是相对而言的。）

活动二：让学生们感知高矮。

[环节一] 教师在黑板上方贴一片叶子，下方也贴一片叶子。

师：谁愿意将黑板上的叶子摘下来？（学生只能拿到下方的一片，可怎么也拿不到上方的一片。这时教师轻松将上方叶子拿下。）接着问：为什么老师可以拿下这片叶子，而这位同学拿不到？

生：（自然脱口而出）老师个子比较高。

（教师创设这一情境的目的是让学生感知高矮。）

[环节二] 我会再叫一位同学上来，与台上的同学比较，问：他们两人谁高谁矮？你们有哪些比较方法？

生1：站在上面就直接看出来了。

生2：让他们两个背靠背看出来的。

生3：用米尺可以量出他们的身高，再比较。

（接着，教师让其中较矮的同学站在凳子上来比较高矮。学生纷纷表示不公平！）

师（故意疑惑）：为什么不公平？他们不也可以背靠背站着比吗？

生：可是另一个同学还多了椅子的高度啊！

师：对了，同学们都看出来了。所以，我们在比较高矮时，要记住两个物体必须在同一个起点上。

当两位同学高矮比较出来后，教师又往旁边一站，这时问同学：刚才是某某同学比较高，那现在呢？我们三个人中谁高谁矮？（学生可随意回答）（教师这样做是为了让同学们明白"高矮比较是相对而言的"。这样的教学设计，符合学生的认知水平和年龄特点，让学生在启发诱导下，掌握比长短、比高矮的知识点）。

第4章 一种增强信息交流效果与扩大认知通道的教学行为

——论演示技能的运用与提升

请看"数轴"(人教版七年级数学上册)的导入教学片段。

师：同学们，有一条自西向东的笔直马路，马路上有个汽车站牌，汽车站牌东3.0m和7.5m处分别有一棵柳树和一棵杨树，汽车站牌西3.0m和4.8m处分别有一棵槐树和一根电线杆，请同学们用几何元素把它们表示出来。

(学生开始画图)

师：很多同学都会把马路抽象画成直线，这些间距——东3.0m和7.5m、西3.0m和4.8m都在这条直线上，所以有理数对应的点可以表示在直线上。通过刚才的操作，我们总结一下，在一条直线上表示有理数的点，这条直线必须具备什么条件？

生：原点、单位长度、正方向。(看书得出)

师：具备这些特点的直线我们把它称为数轴。

在"数轴"这节课中，认识数轴及让学生理解数轴上的点表示有理数是重点。在上述案例中教师很快地给学生抛出数轴的概念，学生并不能真正理解数轴的意义。那么是不是有更好的教学方法可以让学生慢慢接受数轴呢？答案是肯定的。例如，可以采用温度计进行实物演示教学，使学生经历从实物感知迁移到理解抽象数学知识的过程。这样不但激发了学生的探索精神，同时也使数学课堂充满了趣味性。

4.1 演示技能的概念

演示技能是教师运用实物、教具或示教设备（幻灯片、投影仪、录像机和计算机等）进行实际表演和示范操作，以及指导学生进行观察、分析和归纳，为学生提供感性材料，使其获得知识，训练操作技能，培养观察、思维能力的一类教学行为技能。演示技能具有直观性、形象性和辅助性的特点，对课堂教学具有重要的作用。

4.2 演示技能的功能

4.2.1 提供丰富直观的感性材料

请看"认识图形（二）"（人教版一年级数学下册）的教学片段。

教师可以在课堂上向学生展示生活中的方形茶叶盒、圆柱形杯子、足球等物体，再由这些物体总结出其图形特点，展示出具有相同特点的模型，学生就能很快理解什么是长方形，什么是圆。

生活中丰富的材料，给学生带来视觉上的感性认识，这种认识可以很快被大脑接受，形成直观的认识，为相应数学知识的接受与理解打下坚实的基础。

4.2.2 培养观察能力和思维能力

请看"数轴"（人教版七年级数学上册）的教学片段。

教师从生活中的温度计入手，让学生观察不同温度导致温度计上刻度线显示的变化，零上、零下温度的区别，以及温度计上刻度线的意义。由温度计的设计原理联系到数学中的数轴，进行对比引导，学生就能很快接受并理解数轴的概念及数轴的原点、正方向、单位长度这三要素。

这样，学生经历由具体形象的事物迁移到数学抽象概念的认知过程，循序渐进，学生思维能够得以顺利转换。

4.2.3 激发学习兴趣，使注意力集中

请看"轴对称"（人教版八年级数学上册）的教学片段。

教师可以向学生展示大自然中和身边各种各样美丽且对称的图片，学生被美丽的图片吸引后，教师再问学生这些美丽的图片都有什么共同的几何特征。随后教师通过对图片进行折叠演示，让学生知道图形的左右两边是可以重合的，教师再引出对称的概念。这样学生就能从生活现象中体会出相应的数学知识。

注意力是开启心灵的钥匙，只有引起注意才能够产生意识。一般情况下，学生会把注意力集中在教学过程中新颖有趣的演示上，这时，教师就能自然而然地引出新知识。

4.2.4 深化学生对知识的理解

请看"椭圆"（人教版高中数学选修2-1）的教学片段。

椭圆的定义是指平面内到定点 F_1、F_2 的距离之和等于常数（大于 $|F_1F_2|$）的动点 P 的轨迹曲线。F_1、F_2 称为椭圆的两个焦点。其定义较为抽象，教师在教学

时可借助教具：在一根长木棍上定两个点，两点的距离为椭圆两个焦点间的距离，用一根线的两头分别与这两点固定起来（线比两定点间的距离长），用粉笔靠着线，并绷紧线，转动一圈，即可画出一个椭圆。在动态演示中掌握椭圆的定义。

学生在感兴趣、注意力集中的情况下进行学习，能够很快地领悟并掌握新知识。且这些知识在学生脑海中的形成过程是充满趣味性的，是通过视、听、触摸等感官来学习的，这样的学习过程使得"知识一经获得，便得以牢记"。

4.3 应用原则

4.3.1 目的性原则

请看"轴对称图形"（人教版二年级数学下册）的教学片段。

教师演示图片和视频，播放美妙的钢琴曲《梁祝》的选段，并让学生欣赏"碧草青青花盛开，彩蝶双双久徘徊"的优美画面。接着提问学生：蝴蝶有什么特点。学生兴奋地回答，"蝴蝶真漂亮""蝴蝶一只红色，一只黑色"……（不知不觉宝贵的课堂黄金十分钟就过去了）

这个教学设计看起来赏心悦目，但是充斥了很多与教学内容无关的因素，与对称图形知识的学习相去甚远，所以演示时应注意演示的目的，避免形式化。

4.3.2 直观性原则

请看"长方体"（人教版五年级数学下册）的教学片段。

某女教师选取了生活中自己的各种化妆品的包装盒进行实物演示。这样的盒子虽然能直观看出是长方体，但是盒子五颜六色，多种品牌的标志反而成为学生的关注点，吸引了学生大部分的注意力，影响了教学效果。

演示过程要注意科学性，紧密配合课堂教学内容，选择的演示要直观，让学生能快速由演示内容的感知联想到对应的数学知识。

4.3.3 鲜明性原则

请看"简易方程"（人教版五年级数学上册）的教学片段。

教师在天平的左盘里放置 30 克和 20 克两个砝码，右盘里放置一个 50 克的砝码，告诉学生这时天平处于平衡状态。说明天平左右两个盘里的砝码重量是相等的，用式子表示为 30+20=50，它是一个等式。现在把 30 克的砝码拿掉，换上一个不知道重量的小铁块，设其重量为 x 克，这时右盘里要换上一个 100 克的砝码，天平才能平衡，用等式表示为 $x+20=100$，而这是含有未知数的等式。此时告诉学生，像这种含有未知数的等式叫作方程。

这样的实物演示，无疑可以鲜明地得出方程的概念，但是，天平的示范并不是每个学生都能看得清的，看不清的学生自然无法真正感受。要想演示的效果作用在每个学生身上，可以采用投影示范，或者制作成课件进行多媒体演示。

4.3.4 规范性原则

请看"椭圆"（人教版高中数学选修2-1）的教学片段。

教师课前准备足够多的线绳，上课后在适当时间把线绳分给学生，让学生用该线绳设法画一个圆，并叫一位学生上讲台示范，然后教师在这根线绳的两端各系一根铁钉，再把铁钉设法固定在黑板上（两铁钉的间距小于该线的定长），用粉笔将线绳绷紧绕两定点作圆周曲线运动，此时粉笔在黑板上画出一条封闭的曲线（椭圆）。通过对比两种图形的异同，并对后一种作图过程加以分析，便可以得出"椭圆的定义"。

在这个教学过程中，教师有计划、有目的地一步步引导学生画出了椭圆。虽然本节课准备的东西不多，但是在画椭圆的过程中，若教师对椭圆的画法不熟练、作图过程中不规范必会导致学生对椭圆认识出现偏差，也会浪费教学时间。

4.3.5 简单性原则

请看"圆的有关性质"（人教版九年级数学上册）的教学片段。

师：大家接触过很多圆形的东西，同学们能举出哪些圆形实物的例子？

生：硬币、圆盘等都是圆形的。

师：那么具有什么性质的图形叫作圆呢？（学生由于没有掌握圆的性质，处于一种困惑的心理状态。）

师：同学们拿出老师叫大家准备的圆规，试试看谁会用圆规在纸上画出一个圆来。我这里同样有一个圆规，谁上来在黑板上试试画一画？（学生跃跃欲试，教师指定一位学生到黑板上画圆，其余学生在纸上自己完成。）

师：请大家总结一下，画圆时要注意哪几个问题。

学生讨论，教师进行归纳，得出结论：

（1）圆规两脚之间的距离不变；

（2）一只脚的端点不动；

（3）另一只脚的端点围绕不动脚的端点作尽可能地移动。

师：根据以上三点画出来的图形具有什么特性呢？

……

像这样简单地利用圆规让学生参与到演示的过程中，使得整个演示围绕本节课所揭示的概念的内涵展开，形象直观。

4.4 演示技能的类型

演示技能是教师在课堂教学中,根据教学内容的特点和学生学习的需要,通过对实物、模型、标本、图表、录像的展示,以及实际的表演、情境和实验操作为学生提供感性材料以指导学生观察、分析、归纳的一种教学行为。演示技能运用各种教学媒体传递教学信息,使学生通过直观感知材料,理解和掌握数学知识,增强信息交流效果,扩大认知通道,提高课堂教学的效率,所以演示技能在数学教学中尤为重要。根据所演示内容的不同,一般将演示技能分为随手教具演示、实物演示、实验演示、多媒体演示、挂图或图片演示、情境演示、模型演示。

4.4.1 随手教具演示

随手教具是指那些无须专门购买或精心准备,在教室、办公室或家庭里随处能找到,不必特殊制作,可用于教学的物品。随手教具与正规教具相比有明显的优点,它经济简便,不必花经费去购买,不必花很多时间和精力专门准备,操作也非常简单;它可以使知识还原于生活,使学生感到生活中处处皆有学问,促使学生用数学的视角审视生活中遇到的问题;还可以使教学内容生动有趣、直观形象,更有可能使知识长存于学生的记忆中。

使用随手教具时应注意几个问题。

(1) 虽然教师不必在课前花费很多时间和精力专门准备随手教具,但有时一些日常生活用品并不适合直接作教具,应该加以修整和加工,如将硬纸板剪成几何图形。

(2) 平时要多留意日常物品,发现其用作教具的可能性。要想将随手教具运用得得心应手,光靠课堂上的灵机一动是不可能的。随手教具的使用看似随意,实则是经过深思熟虑的。运用何种教具,教师在课前就应该做到心中有数,表面上看似乎没做准备,实际上则是有备而来。

(3) 启发学生运用随手教具来说明或演示学习内容。学生上课前不一定会对教学内容有太多的理解,也不会想到要用某种物品去演示教学内容。但教师是应该有准备的,教师可以通过启发的方式帮助学生在普通物品与教学内容之间建立联系。

案例——"正方体"(人教版五年级数学下册):学生在初步认识正方形的基础上,进一步学习正方体,这是学生深入研究立体几何图形的开始。通过本节课的学习，学生对立体图形的认识会更加完整。五年级的学生空间想象能力较差，要想理解正方体的特点，还需要借助直观物体或模型。请参阅如下片段。

师：同学们，我们上节课学习了"长方体的认识"，下面回顾一下长方体有哪些特征呢？

生：6个面、12条棱、8个顶点，面的形状是长方形或正方形，每组互相平行的四条棱的长度相等。

师：以上是长方体的特征及相关知识。现在同学们来看一下，这个粉笔盒具有什么图形特征呢？（随手拿起桌上的粉笔盒）

在教学过程中，教师直接用粉笔盒来讲解正方形的特点，不仅让学生直观了解正方体的特点，也让学生知道生活中处处有数学知识。随手的粉笔盒，无须特别制作，直观形象，使用方便。

4.4.2 实物演示

实物演示是教师从生活中的实物入手，通过生活中具体的实物类比引入，概括为数学中的概念，引导学生直观感知事物，把生活中的事物转化为数学知识，从而把所教知识具体化的教学技能。

在教学过程中，实物演示的目的是使学生充分感知教学内容所反映的主要事物。为了使学生的观察更有效，教师在恰当地使用演示技能的同时，还要用简洁的语言引导和启发学生的思维，使其更好地掌握所观察的内容。具体来说，实物演示要注意与语言讲解恰当结合。教师把实物展示给学生后，不做讲解只让学生自己观察的做法是不恰当的；在学生观察时，教师滔滔不绝地进行详尽的讲解，不给学生留下思考的余地，同样也是不可取的。

案例——"数轴"（人教版七年级数学上册）：本节课是在学生学习了有理数概念的基础上，从标有刻度的温度计表示温度高低这一事例出发，引出数轴的画法和用数轴上的点表示数的方法，初步向学生渗透数形结合的数学思想，以使学生借助直观的图形来理解有理数的有关问题。从心理学的认知性观点出发，该学龄的学生直观能力较强，因此，有必要采用生活中的实物使学生对知识有更直观的感受。请参阅如下片段。

师：同学们，大家看一下老师手上拿的是什么？（手拿温度计进行提问，有利于吸引学生的注意力）

生：温度计。

师：我们可以用温度计来测量温度。现在老师的一个朋友带着老师手上的温度计驾车到国内的各个城市去旅游。他从广州出发一路向北，同学们看一下PPT上的温度计显示各城市的温度分别是多少摄氏度（图4-1）？

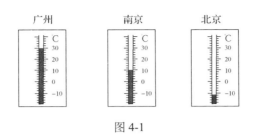

图 4-1

生：广州 30℃，南京 10℃，北京 -10℃。

师：在从广州到北京的旅途中，温度计的水银柱一直在往下降，也就是说越往北，温度就越低。我们现在来大胆假想一下，如果我们继续向北走，走到了冰天雪地的北极。大家都知道北极是一个极冷的地区，那里的温度有时候会达到 -50℃。同学们觉得用我们这种温度计能测出北极的温度吗？

生：不能。

师：对，不能。这种温度计的最低温度只有 -10℃，所以它是不能够测出北极的温度的。

师：为测出北极的温度，老师需要请人制作一种新的温度计。但是现在老师要请同学们帮忙把新温度计的图纸先给画出来。（让学生进行动手操作，自己体验数轴形成过程）

我国著名数学家华罗庚曾说过：人们对数学产生枯燥乏味、神秘难懂的印象的主要原因就是脱离实际。而实物演示恰恰相反，它具体、直观，有利于丰富学生的感性知识，从而帮助学生理解和验证间接知识。采用温度计进行实物演示教学，让学生在大脑中浮现一个比较直观的数轴模型，从而帮助学生理解数轴的知识。实物演示遵循数学教学从生活中来到生活中去的生活化原则，不仅能激发学生的学习兴趣，也能增强学生在生活中的问题意识，学会在生活中发现数学知识。将一个具体的实物温度计经过抽象概括为一个数学概念数轴，让学生初步体验到从实践到理论的认识过程，从而更好地接受新知识。

4.4.3 实验演示

生动有趣的实验演示可以有效地揭示较为抽象的性质，展示事物的复杂过程，并起到事半功倍的效果，能激发学生探索求知的好奇心，活跃课堂气氛。好的实验演示，往往能让学生过目不忘，有助于学生牢固地掌握知识，激发其学习的主动性和积极性。中学生都充满好奇心和求知欲，对周围事物有强烈的敏感性和认识上的积极性，这正是主动观察事物、思索问题的内在动力。兴趣是最好的老师，兴趣是中学生主动探求知识的推动力，利用实验演示技能，更加能培养学生的数学思维方式。

案例——"随机事件与概率"（人教版九年级数学上册）：由于九年级的学生对新鲜事物比较敏感，但推理能力还有待不断发展，一定程度上还需要依赖具体形象的经验材料来理解抽象的逻辑关系。因此，将通过创设情境与实物实验操作让学生更好地理解概念。请参阅如下片段。

师：同学们，圣诞节就要到了，圣诞老人正忙着给大家准备礼物，大家希望圣诞老人为你们准备什么礼物呢？

生：零食，糖果，玩具，手套，衣服，帽子。（学生你一句我一句地说出自己想要的礼物）

师：有的同学说想要零食，有的同学说想要玩具、衣服、帽子，看来大家想要的礼物还不少啊！（适时控制场面，对学生想要的礼物进行总结。）今天，老师提前来给大家当一回圣诞老人。（教师戴上圣诞帽，增加课堂的活泼性。）但是今天，圣诞老人没有背着大包小包的礼物，只有手上这个盒子，盒子里是五彩幸运球。为什么没有礼物只有这个球呢？因为今天圣诞老人要跟大家来玩一个"摸礼物"的游戏。这里面的红球代表糖果，黄球代表玩具，白球代表帽子，黑球代表手套。如果你希望圣诞节那一天，圣诞老人给你送上一副手套的话，你就必须从这个盒子里面摸出黑球，如果你想要一顶帽子的话就必须摸出白球。好，现在有没有同学想来试一下呢？（进行"摸礼物"游戏的说明，让学生清楚游戏规则，积极参与其中。）好，小红同学。你想要什么礼物呢？

小红：玩具。

师：小红同学想要玩具，所以她必须摸出黄球。同学们觉得她一定能摸到黄球吗？

生：不一定。

师：同学们都说不一定。现在请小红同学上来试一下，闭上眼睛，不许偷看，摸到的是什么颜色的球？

生：黄球。（齐声回答）

师：好的，再试一次，看看她是不是又能摸中呢？（重复实验，体现事件的不确定性）好，摸到的是什么颜色的球？

生：黑球。（齐声回答）

师：好，刚刚小红同学想要从这个盒子中摸出代表玩具的黄球，她第一次摸到的是黄球，但是第二次摸到的是黑球。也就是说从这个盒子里面摸出代表玩具的黄球可能发生，也可能不发生。还有没有同学想要其他礼物呢？

随着对学习方法和相应逻辑规则的掌握，九年级学生对学习的自我监控能力有了明显的提高，不仅能根据学习活动的结果反思，调节自己的学习行为，而且能够在学习过程中对学习活动进行监控，以确保学习活动的顺利进行。而元认知的发展更加增强了学生学习策略的应用水平，提高了学生学习的针对性和有效性。因此，在教学过程中，教师以圣诞礼物作为切入点，设计了"摸礼物"的游戏，通过创设情景及实物操作让学生能够轻松地掌握新知识，也为学生提供了数学活动的机会，促进了师生之间的相互交流，让学生在互动教学中能够享受数学学习的快乐。

4.4.4 多媒体演示

随着科技的进步，教学手段也日益现代化，课堂演示大量运用幻灯片、录音、录像等现代化的电子教学手段来创设情境。通过形、声、光、色的相互作用，产生极强的直观效果，使学生眼、耳、口、脑等多种感官参与活动，使教学立体化，引发学生的极大兴趣。教师对抽象的问题进行描述，营造动静结合、化虚为实的教学情境，有利于使教学内容形象化、生动化。

现代教育技术的发展倍受教师关注，教师积极地提高自身素质，熟悉各类电教媒体（光学媒体、音响媒体、声像媒体、综合媒体等）的特点和功能，掌握演示的技能和技巧，并努力参与到软件制作、教学设计中，不断提高演示技能的水平。

教师在运用多媒体演示时需注意以下几个问题。

（1）目的要明确，教师不能将现代教学手段当作装饰，而应使其始终服务于教学，在注意多样性的同时不忘服务性、适度性，不可滥用。

（2）要从实际出发，注意时间的可行性。要根据教学任务、教学内容、教学环境及学生自身特点恰当运用多媒体手段，选取合适的计算机软件进行展示。

（3）课前做好充分准备，克服随意性。教师要不断提高制作、演示课件的能力和简单维修的能力。对于需要示范的实验，课前应熟练演示，并能够应付课件演示时的突发情况，从而保证不浪费课堂时间，不影响课堂效果。

案例——"平面直角坐标系"（人教版七年级数学下册）：七年级学生抽象性内容的记忆力逐渐增强，并开始超过具体性内容的记忆力。由于想象现实性的发展，他们更喜欢描绘现实生活的情景。请参阅如下片段。

师：同学们，还记得北京奥运会开幕式的倒计时盛况吗？今天，我们再一同回味一下。（用多媒体播放北京奥运会开幕式的视频）

师：现在我们看到的是由 2008 名击缶者及 2008 个缶所组成的巨大方阵。缶是中国古老的打击乐器，由青铜或陶土所制成。早在夏商年代，就有"击缶而歌"的演奏。此刻击缶者正以光的律动向我们传达光阴的概念。奥运会自诞生 112 年来首次走进世界上人口最多的国家，这是中国人的百年梦圆，也是绵延五千多年的中华文化与世界文化的一次激情相拥。伴随着击打声，我们可以看到屏幕上方显示"60""50""40"这些字样，每次光影数字的交锋都预示着北京奥运的每秒临近，就让我们一同穿越、一同倒数、一起用震撼的节奏，激荡千年祖国的万里疆土，激荡中华民族的奔腾血脉。好，10, 9, 8, 7……（对视频进行适当的讲解，便于学生理解。）很精彩的一个倒计时实况录像，同学们，你们感觉怎么样呢？

生：很震撼。

师：是啊，很震撼，可是震撼两个字岂能传达出整个开幕式的方方面面呢？北京的申奥成功，预示着中国的国际形象已经高大起来。好，回归正题，来看一下刚刚我们所看到的数字，60, 50, 40。我很好奇，这些数字是怎么形成的呢？有没有同学知道呢？

在教学过程中，教师首先引入一个倒计时片段，抓住学生的注意力。接着通过截取该片段中的一些图片来引发学生的好奇心，引导学生认识一个简单的模型。在讲解模型的过程中逐步引导学生认识平面直角坐标系。这样的教学安排，不仅可以实现学生在认识上从一维到二维的跨越，也有助于学生对概念的理解深入到本质。

4.4.5 挂图或图片演示

挂图或图片演示是指教师利用挂图或图片向学生展示事物的局部或整体面貌，或发展过程的教学技能。挂图是最早使用的一种教学辅助手段。它具有灵活方便，不受地点条件限制的特点。挂图是教学中最常用的直观教具，各种与教学内容相关的图片，如对称图形、几何图形等，都可以通过挂图展示给学生。

在使用挂图或图片演示的时候要注意以下问题。

（1）演示要及时，把握好演示时间。挂图和图片不能在课前就展示给学生，以免分散学生的注意力。应在用到时再展示到明显的地方让学生观察，使用完毕后取下，学生就不至于被挂图分散注意力，观察时也会有一种新鲜感。

（2）挂图或图片的演示要与语言文字有机结合。教师在演示过程中，可对展示的挂图或图片进行一定的讲解，需要时还要进行板书。不能太过依赖挂图与图片。

（3）如果直接给出图片无法顾及全体学生，可考虑使用投影放大，或者直接把图片制作成课件以便于学生欣赏和观察。

案例——"图案设计"（人教版九年级数学上册）：九年级学生所学知识较多，导致无法像低年级学生那样一直保持高涨的学习热情，所以枯燥的数学学习很难引起他们的兴趣。在教学过程中宜采用大量图片进行讲解，这样既可以引起学生的注意，又可以让学生直观感受图形的特点。请参阅如下片段。

师：同学们，今天老师带大家走进有"人间天堂，园林之城"美誉的历史文化名城——苏州。（展示苏州园林的图片，给学生视觉上的冲击，吸引学生的注意力。）

师：苏州素来以山水秀丽、园林典雅而闻名天下，在苏州园林里有很多对称美的设计，如独特的漏窗。大家一起来欣赏一下这些漏窗。(展示几个漏窗的图片，感受不同的漏窗相同的设计理念。)

师：这些漏窗是由怎样的基本图案设计而成的呢？运用了我们之前学过的什么知识呢？

生：旋转。

师：对，它们都是由基本图形通过旋转而得到的。(让同学们在欣赏之余，能学着去理解其中所蕴含的数学知识。这既帮助学生复习旧知识，也在不知不觉中感受新知识。)

师：现在老师再带大家走进梦幻的江南水乡，在江南水乡有很多的古桥。同学们看一下这些古桥的桥孔又是怎么设计而成的呢？(展示古桥桥孔的图片，感受平移旋转轴对称在设计中的广泛使用。)

师：我们先来看一下这座古桥，这座古桥的桥孔是个什么图形？

生：半圆形。

师：它是我们之前所学过的什么，左右两边？(慢慢引导学生进行思考。)

生：对称。

师：它是轴对称图形。它是对称的结果。

师：我们也可以说左边这个桥孔可以通过什么方法得到右边的桥孔。(教师引导，与学生一起探究)

生：向右平移。

师：我再来看一下著名的赵州桥，赵州桥也是一个轴对称的结果。它左右两边的桥孔也是对称的。

师：在我们现实生活中有很多图案设计，如中国结及奥运五环等，都是运用了我们之前所学的平移、旋转及轴对称。(对刚刚所观察的大量图片进行总结，得出它们共同运用的数学知识，让学生对此有更深的认识。)

师：所以说我们可以用平移、旋转或轴对称中的一种进行图案设计，当然也可以利用它们的组合进行图案设计。它们的组合就是指同时运用平移、旋转及轴对称来进行图案设计。(说明图案设计的本质)

在教学过程中，教师通过让学生欣赏苏州园林的漏窗、江南古桥的桥孔、赵州桥等图片，使学生在不知不觉中了解图案的构造，了解图案设计在生活中的应用，再通过进一步讲解，激发学生自己学习设计图案的欲望，丰富了学习的内容。采用大量的图片进行演示讲解，让学生在感受美的同时，激发学生自主学习设计图案。

4.4.6 情境演示

情境演示是指教师根据一定的教学目的，创设一个有关的情境，激起学生的求知欲，引导学生积极展开学习活动而获得知识的教学技能。

案例——"整式的乘法"（人教版八年级数学上册）：因为之前学习过实数和一次函数，所以学生已经接触了很多代数的知识。代数不如几何生动，学生容易对代数的学习产生枯燥感，所以教师应该在课堂上营造一种轻松有趣的学习氛围。在学习整式的乘法的过程中，选择用情境演示来进行讲解，以此吸引学生的注意。请参阅如下片段。

师：同学们，现在老师带大家来逛超市，超市里面有各种各样的商品，不同的商品有不同的价格。（由带大家逛超市引入，迅速吸引学生的注意力。）请同学们来当这个超市的收银员，负责收取客人买东西的钱。（让学生充当收银员，能提起学生计算的热情。）

师：老师选了 3 包糖果、3 包纸巾和 3 包火腿，你们应该收取老师多少钱呢？（营造出完整的购买东西的情境，让学生融入情境，参与计算。）

师：小明同学，你是怎么计算的呢？（进行提问，让学生自己得出计算过程。）

小明：$3 \times 2 + 3 \times 4 + 3 \times 6$。

师：你为什么要这样计算呢？（让学生能清楚自己这样列式的目的。）

小明：我算出 3 包糖果的钱加上 3 包纸巾的钱，再加上 3 包火腿的钱就是一共要收的钱。

师：很好，请坐。小明同学说得对不对？（照顾多数学生，活跃课堂气氛。）

生：对。

师：好。小红同学，你是怎么计算的呢？（肯定学生所列式子是正确的，询问有没有不同算法，引出另一式子。）

小红：$3 \times (2+4+6)$。

师：那你为什么这样算呢？

小红：因为每种东西都买了 3 包，所以我们可以把它们每一包的钱加起来，再乘以 3。

师：好。

师：刚刚小明同学算到的是要收老师的钱，同样地，小红同学算到的是不是也是老师购买的商品的总价钱呢？（总结两位同学所列式子，让学生更加明了，引起学生对其进行对比。）

生：是。

师：那也就是说刚刚小明同学列的式子跟小红同学列的式子的结果是一样

的，都表示 3 包糖果加 3 包纸巾加 3 包火腿的钱。（得出两个式子的关系，在两式之间画上等号。）

师：那现在如果我们不知道这些糖果、纸巾、火腿单价是多少钱。我们用字母表示，如果糖果是 a 元，纸巾是 b 元，火腿是 c 元，如果每一种东西老师都拿了 m 包。那这个式子又该怎样来列呢？

在教学过程中，教师通过营造在超市购物的情境，让学生主动参与到计算价钱问题上，这样能让学生快速计算和思考。然后通过教师的引导，得出了单项式乘以多项式的运算规律，并使学生自然地掌握。

4.4.7 模型演示

模型演示是指教师通过展示模型，突出事物的特点，揭示事物的本质或内部结构，帮助学生更好地掌握所学知识的教学技能。模型与实物不同，它不是实际物体的本身，而是根据教学需要，以实物作为原型，经过加工模拟制成的仿制品，它可以是原型的扩大，也可以是原型的缩小。从认识论的角度看，它不仅可以帮助学生揭示物体的内部结构，特别是从宏观和微观两个方面来表现物体，而且在帮助学生理解教学内容上，具有特殊的作用。模型是物体形状的三维表现，它能以简洁明快的线条展示物体的内部构造，有助于学生空间想象力的形成，常在几何教学中使用。

案例——"圆锥的体积"（人教版六年级数学下册）：六年级学生对图形的空间认识还处于由直观到抽象的发展过程中，对新知识的生成充满好奇。教师应多演示知识的生成过程，让学生感觉数学并不神秘。请参阅如下片段。

师：同学们，观察老师手中这两个空心的圆柱体和圆锥体模型。这两个模型有什么共同之处呢？（教师把两个模型的底部叠在一起）首先来看看它们的底有什么关系。

生：一样大。

师：对，一样大，也就是说这个圆锥和圆柱的底是相等的。我们再来比比它们的高，这两个模型的高相等吗？（比较两个模型的高）

生：相等。

师：现在同学们请跟着老师一起来做个实验，看看等底等高的圆锥和圆柱的体积有怎样的关系。老师先把水倒满整个圆锥，然后把圆锥里的水倒进圆柱里面，看看要倒几次这个圆柱才能满呢？（三次倒满后）现在圆柱满了吗？

生：满了。

师：我们刚刚倒了几次？

生：三次。

师：说明圆锥的体积跟圆柱的体积有什么关系呢？

生：圆锥的体积是圆柱体积的三分之一。

师：我们知道圆柱的体积公式为：圆柱体积=底×高。所以与它等底等高的圆锥的体积公式应该是什么呢？

生：圆锥体积=$\frac{1}{3}$×底×高。

师：这就是我们今天要学习的圆锥的体积公式。

在教学过程中，教师先让学生观察两个空心的圆锥体和圆柱体模型，让学生知道这两个模型的共同点是等底等高，再利用圆锥模型装满水倒进圆柱模型中，学生很容易发现，三次正好倒满。由此引导学生猜想，圆锥与圆柱的体积有怎样的关系呢？学生自然能想到圆锥的体积是圆柱体积的三分之一。利用模型演示，直观地演示了圆锥的体积公式的生成过程，让学生对圆锥体积公式印象深刻。

4.5 演示技能的实施策略

为了发挥教学演示的作用，提高演示效果，教师在演示时要注意以下实施策略。

4.5.1 类型、方法的确定

演示方案的设计要根据本节课的内容和重点来考虑所选择的类型和方法，同时还要考虑学生的认知特点和已有知识水平，演示的类型要有助于突破重点和难点。演示的内容应该是教学内容所必需的、学生经验所缺乏的、学生疑难的抽象知识等。结合所讲课题，选择适当的媒体进行演示，考虑采用的教具和使用方式，如图表、模型、实物等。如在讲授"勾股定理"时，可采用拼图、多媒体演示勾股定理的推导过程；在讲授"正方体的再认识"时，可以展示各种模型，让学生观察、分析正方体的特点。

4.5.2 演示要与讲授紧密配合

演示的目的是使学生的感性认识上升为理性认识，所以必须引导学生及时对观察演示所得到的直观印象进行思维整理。这就需要教师运用讲解、设问、描述等讲授方式帮助学生抓住现象的本质，教师的语言不需过多，但要起到"画龙点睛"的作用。学生以视听结合的方式理解并接受知识，对提高其理解能力和巩固知识有重要作用。

4.5.3 演示要适时适度

演示适时就是指要在恰当的时候进行演示。教师的演示总有其特殊的目的、特定的时机。教师应根据具体情况在适当的时机进行演示,不能提前也不能推后。演示适度是指不能过分演示,以至于耽误教学进度,也不能一带而过,使演示达不到效果。过度的演示,容易使学生产生疲惫感,不能注意听讲。

4.5.4 演示素材的选取要能适度地刺激学生

在选择演示素材时,应该注意选取能给学生适当刺激效果的内容素材。太强烈的刺激会对学习产生不利影响,最好是选取既能激发学生的情感活动,又能引起他们学习兴趣的内容素材。如进行实物演示时,选择的演示物不能太小,如果演示物太小可以分组演示或者进行投影,如果演示物太大不便于在课堂上展示,可在课后组织学生观看。演示过程要尽量照顾全体学生,使演示效果在教学上发挥最大的作用。

第 5 章 "文似看山不喜平"
——论变化技能的运用与提升

"三角形内角和"（人教版八年级数学上册）的教学重点在于让学生了解内角和定理及如何应用该定理，难点在于如何启发学生探索证明三角形内角和是 180°这个结论。如果教师在教学过程中直接展示出证明的过程，不仅会让整个数学课堂显得枯燥无味，降低学生的听课兴趣，不利于学生有效且深刻地掌握该定理，而且不利于学生发散性思维能力的培养。相反地，若教师在教学过程中适当地变化教学方式，如让学生动手操作，拿纸板进行撕、剪、拼接等，这样的变化既能让学生在亲身体验中感受数学知识，激发学生的探索精神；又可以使整个数学课堂充满趣味性。

心理学研究表明，变化刺激能吸引听众的注意力。我国教育工作者更是常用"文似看山不喜平"来形容教学上的变化，因此，教学需要有变化。通过各种变化，引起学生的注意和兴趣，激发学生学习的欲望，有效地调控课堂教学气氛，提高课堂教学效益。

5.1 变化技能的概念

变化技能是指在教学过程中，教师为了引起学生的注意，减轻学生的疲劳，激发学生主动参与学习的意识，启发学生的思维，而用变化教态、信息的传递通道、教学媒体、师生相互作用等方式改变对学生的刺激的教学行为技能，是教师组织教学活动的一种基本技能。

心理学研究表明，任何一种过于长久或单调的活动，容易引起学生大脑皮层的疲劳，使神经活动受到抑制，难以维持注意而影响课堂教学效果。因此，变化技能与教学质量及教学课堂生动性息息相关，教师生动活泼的教学和富有变化的课堂环境对学生的学习尤其重要。

5.2 变化技能的功能

亚里士多德曾经说过："思维起于惊讶。"苏联著名教育实践家和教育理论家苏霍姆林斯基也曾经说过："新奇和惊讶之感便是思考的开端。"因此，假如学生较长时间在同一教学方式、同一教学氛围和同一教学媒体中活动，他们的思维、灵感和注意力都会陷入低迷的状态。相反地，在数学教学中，运用变化技能，利用学生的多种感觉器官来传递数学教学信息，不但可以减轻学生的疲劳程度，刺激学生的大脑，使其注意力重新回到教学内容上，还可以更加有效地强化信息的接收。所以，变化技能应当成为每一位教师必须掌握的基本技能。

5.2.1 激发并保持学生对数学教学活动的注意力

请看"多项式"（人教版七年级数学上册）的教学片段。

如果教师在讲授多项式的次数及多项式的项等概念的时候，一直以平淡的语调，念经式地讲授完所有的概念，没有顾及学生的反应，那么此时，学生注意力早已不在老师身上，他们会觉得这节课枯燥无味，失去了继续学习的欲望。

"多项式"这节课对于七年级学生来说，知识点是全新的且容易与单项式的知识点混淆，而且概念性讲解课本身就带有枯燥性。因此，如果像上述案例中的这位教师一样，讲解过程中语调平平，没有轻重语气的变化，学生根本不会知道这节课的重点和难点是什么。相反，假如教师在讲课过程中注重抑扬顿挫，节奏松紧适中，用富于变化的表情，配以指引性、加强性手势，自觉变化身体朝向位置，视线及与学生的空间距离等，则会对学生的情绪产生极大的暗示和感染，使学生的学习热情被激发，从而长时间高效地保持在教学活动上。

5.2.2 帮助学生建构新的数学知识结构

请看"轴对称"（人教版八年级数学上册）的教学片段。

教师一开始就投影出几张轴对称图形的图片，然后根据这几张图片中图形的共同性质，直接归纳得出轴对称图形的概念。

"轴对称图形"的学习建立在学生已经具备了一定的知识结构的基础之上，因此，教师不必直接给出轴对称图形的定义。相反地，教师可以先让学生观察图形，并且在观察的同时播放音乐来营造课堂气氛，再通过让学生动手画轴对称图形等向学生传递轴对称图形的特点。在整个教学过程中，教师循序渐进地帮助学生建构起新的数学知识结构体系，使学生在真正意义上理解和掌握轴对称图形。

5.2.3 激发学生学习数学的兴趣，营造良好的课堂气氛

请看"几何图形初步"（人教版七年级数学上册）的教学片段。

教师通过身边的物体等教具，让学生参与到整个教学活动中。学生时而观察图片，时而观察周围的事物，并且还亲手触摸教具来感受几何图形的特点，多种感觉器官同时运用。教师则时而引导，时而让学生自主发挥，角色互换。教学媒体也在实物和多媒体中转换。一切都在不断变化，营造出轻松愉快的学习氛围。

上述教学案例中，教师将变化技能运用得淋漓尽致，依据教学内容应用相应的教学变化技能，使得课堂活跃轻松，生动有趣。学生的学习热情也被大大地激发出来，积极地参与到整个教学活动中。

5.2.4　为学生提供参与数学教学活动的机会

例如，教师在讲授涉及船只顺水、逆水的列式问题时，在黑板上直接给出"1. 顺水：船的速度=船在静水中的速度+水流速度。2. 逆水：船的速度=船在静水中的速度-水流速度"两条公式，并用口头语言对其进行简单的讲解。此时大部分学生反应冷淡，课后纷纷表示理解不了这两个公式。

船只顺水和逆水的题目对于学生具有一定的理解难度。简单的语言讲解的教学方式只适用于理解能力较好的学生，对理解能力较差的学生，教师应该通过画图来启发学生思考船只顺水和逆水两种情况。涉及有理解难度的题目，教师如果只是单纯地讲授，大部分学生可能不能很好地理解，此时教师应注意采用变化技能，及时停顿，留给学生思考时间，改变教学方式，必要时采用图文并茂的讲解形式帮助学生理解。采用灵活变化的方式进行教学，可以更好地调动学生积极主动地参与课堂教学活动。

5.3　变化技能的应用原则

变化技能是把无意注意过渡到有意注意的有效方式。教师要想合理运用教学变化技能，除明确其运用目的外，还必须准确把握以下基本原则。

5.3.1　针对性原则

请看"等式的性质"（人教版七年级数学上册）的教学片段。

师：解一元一次方程需要运用等式的性质将方程化为 $x=a$（a 为常数）的形式。等式的性质尤其重要，下面请同学们默读并尝试背诵出等式的性质1和等式的性质2。

生：等式的性质1是等式两边加（或减）同一个数（或式子），结果仍相等；等式的性质2是等式两边乘同一个数，或除以同一个不为0的数，结果仍相等。

师：同学们回答得都很棒，记忆得很准确。

显然上述教学案例中看似教师很用心，注重细节，但其实是失败的。因为整节课重点和难点不分，变化技能运用不得当，一味要求学生朗读和默写，没有考虑学生的认知水平，没有针对学生实际情况进行教学。

5.3.2 有效性原则

请看"勾股定理"(人教版八年级数学下册)的教学片段。

教师播放勾股定理的相关视频,内容如下。勾股定理是"人类最伟大的十个科学发现之一",是初等几何中的一个基本定理。这个定理有十分悠久的历史,几乎所有的文明古国对此定理都有所研究。勾股定理在西方被称为毕达哥拉斯定理,相传是古希腊数学家兼哲学家毕达哥拉斯于公元前 550 年首先发现的。但毕达哥拉斯对勾股定理的证明方法已经失传。著名的希腊数学家欧几里得在巨著《原本》中给出一个很好的证明。中国古代对勾股定理的发现比毕达哥拉斯还早。大家知道商高这个人吗?他是公元前 11 世纪的中国人……《周髀算经》上说:"故禹之所以治天下者,此数之所生也。""此数"指的是"勾三股四弦五",这句话的意思就是说勾三股四弦五这种关系是在大禹治水时发现的……

观看视频对于学生来说显然能够引起他们的兴趣,但是同样地,视频内容的选择也很重要,是否有利于激发学生的学习热情是考虑的重点。显然上述数学历史的视频是枯燥乏味的,无法引发学生的学习兴趣。假如开始上课就播放这个视频,反而会降低学生对听课的热情。

5.3.3 适度性原则

请看"整式的加减"(人教版七年级数学上册)中讲解"去括号"的教学片段。

师:大家来齐声朗读去括号的口诀:去括号,看符号;是"+"号,不变号;是"-"号,全变号。

生:去括号,看符号;是"+"号,不变号;是"-"号,全变号。(齐声朗读)

师:给大家三分钟时间背熟这个法则。

生:(默背)

师:接下来我们来看这个法则是如何运用的?请看下面三道题目。

①$a+(b-c+d)$; ②$a-(b+c-d)$; ③$12-(12-999)$。

(教师板演题目后立刻进行讲解,语速没有快慢之分,身体不断移动)

对于七年级学生来说,去括号是"整式"这一章的教学难点,上述案例中的教师一味地让学生朗读和背诵口诀,没有讲解口诀该如何应用,而是直接讲解例题,并且在讲解去括号的关键步骤时还随意移动身体,分散了学生的注意力。在上述教学案例中,该教师的变化技能运用不恰当。因此,在运用变化技能的时候应该注意,在关键知识点处应该停顿,细致地进行讲解,并留给学生足够的思考时间，而不是一直走动分散学生的注意力。只有适度地运用变化技能才能取得理想的课堂教学效果。

5.3.4 流畅性原则

例如，在讲解题目的教学过程中，教师听到有学生突然大声地说："我不会。"此时教师应该迅速进行课堂突发情况判断，判断这名学生是故意而为，还是真正不能理解。针对不同情况运用不同变化技能，游刃有余地应对突发情况。如果发现学生是故意捣乱，那么这位学生一定是在寻求教师的注意，此时教师可以请这位学生上来回答问题，鼓励并肯定他。如果发现学生是真的不能理解，同样可以请他站起来，教师重新认真讲解这道题目，讲解后再次询问他是否已经明白。

当课堂上出现上述状况，教师不能中了一些调皮学生的"陷阱"，被学生牵着鼻子走，而是应该灵活运用变化技能。同时教师应对突发状况时，应该做好变化前的铺垫，使得变化的出现流畅自然。这样才能既可以引起学生的注意，又能保持教学活动的连续性。

5.4 变化技能的类型

实际课堂教学当中的变化是丰富多彩的，关于课堂教学变化技能的分类，仁者见仁，智者见智。一般地，将变化技能大致分为三类：教态的变化、信息传输通道及教学媒体的变化和师生相互作用的变化。

5.4.1 教态的变化

教态的变化是课堂教学中教师讲话的声音，运用的手势、眼神、表情、身体运动等变化。美国著名心理学家梅达比安的实验得出：信息交流的总效果=7%的文字+38%的音调+55%的面部表情。这一发现启发了教师对教学中教态变化的重视。在教学过程中，适度的教态变化能够有效地吸引学生的注意力，引导学生的思维，因此，教师要高度重视在课堂教学中教态变化的使用。

1) 声音的变化

声音的变化是指教师讲话的语调、音量、节奏和速度的变化。例如，教师在讲解过程中适当加大音量，放慢讲话速度，配合手势，可以起到强化学习重点的作用。如果在一节课中，教师一直用平缓、单调的声音上课，会使学生处于一种抑制、昏昏欲睡的状态，课堂将变得死气沉沉。讲话音量过低，课堂气氛沉闷，难以刺激学生的神经系统；反之，音量过高，会使学生神经兴奋过度，难以控制课堂教学秩序。当然，在发现学生注意力不太集中时，适当提高音量，能使学生觉察到教师的不满，从而避免学生精力更加分散。教师在上课时，讲话速度应有快有慢、快慢适宜。如果总是一个节奏，不仅使学生难以把握教学的重点和难点，而且教学本身会缺乏生机，使学生产生单调、乏味之感，还会降低学生学习的积极性。变化教学语言的节奏必须以情感变化为基础，与教学内容本身的节奏相一致，必须根据学生在课堂上的情绪表现，巧妙地调节自己的语言节奏，做到快慢得当，高低适宜。合理、巧妙地调节声音的变化，能给学生带来强烈的听觉节奏，使学生兴趣盎然。

2）语言节奏的变化——停顿

教学中的停顿，是在课堂教学中教师根据某种需要，短暂的中断讲话以引起学生注意的方式。停顿的时间不宜过长，大约为三秒。教师在表述概念、定理时，可对其中的关键字词运用停顿，加深学生对概念、定理的理解与记忆；在讲解时插入停顿，给予学生充足的思考时间，对讲解的内容做出反应；在讲解完课堂内容的重点和难点后，运用停顿也可以起到同样的作用。很多年轻教师担心学生能否听懂自己课上讲解的内容，会选择重复阐述教学内容；当课堂出现沉默时，依然选择重复阐述的方式。一方面，一节课出现太多次重复，学生会厌烦，难以再次集中注意力；另一方面，对教师的心理也会产生不利的影响。而有经验的教师则会抓住时机，巧妙地运用停顿，给予学生时间自己思考、整理，有效地提高课堂教学效率。教师应根据课堂教学的需要灵活运用停顿，停顿运用得好，可以表达出语言无法表达的意境，可以收到"此时无声胜有声"的效果。

3）身体动作的变化

身体动作，主要是指教师在教室里身体位置的移动和身体的局部动作。一名优秀的教师不仅要有渊博的知识和雄辩的口才，还要有适度的身体动作来传递教学信息，与学生沟通交流，从而调动学生学习的积极性。

身体位置的移动是通过教师在课堂上的走动实现的。那么，在走动的时候要注意控制走动的次数与速度，如走动频繁容易分散学生的注意力。另外，教师也要注意走动或者停留的位置。一般来说，方便教学的位置就是最恰当的位置。在学生回答问题时，宜在讲台周围走动；在学生进行小组讨论、做实验时，宜在学生中间走动，如果发现某个小组有问题，教师应轻轻地向他们走去，然后再回答或讲解问题，以免影响到其他小组的学生；在进行个别辅导或解答疑难时，轻轻走到学生身边，拉近教师与学生的距离，让学生感受到教师给予的亲切感。课堂的教学要求每一位教师要关注、考虑学生的心理，一般来说，在做练习或做试卷的时候，学生是不喜欢教师在教室中间走来走去的，更不喜欢教师在自己的旁边停下来。教师适时适度的走动，可以拉近师生之间的距离，给学生营造一个宽松、舒适的学习环境。

身体的局部动作，主要包括头部动作和手势的变化。头部动作和手势的变化也是教师向学生传达信息的一种方式。例如，在学生回答问题时，稍微点头表示肯定，鼓励其继续发言；发现学生回答不太正确，思路偏离题意时，也可以稍微摇头示意。学生可以从教师点头、摇头的动作中领悟到自己回答的正误，修正自己的回答内容。生动、准确的手势配合着口头语言的表述，能够帮助学生更好地理解教学内容，有利于与学生相互交流情感。如在学习"全等三角形"的"全等"这一概念时，教师突然伸出双手，然后再慢慢将两手合拢，重复两次，让学生分别从两边观察，再引导其归纳出"能够完全重合的两个图形叫全等形"的概念，利用直观的手势变化，加深学生对全等形的认识。有研究表明，教师恰如其分的手势能够使学生大脑兴奋中心持续活跃，加深学生对外来刺激的印象。科学地使用身体局部动作的变化，能够引起学生的注意，调动学生的积极性，产生出人意料的教学效果。

4）面部表情的变化

俗话说"出门观天色，进门看脸色"，教师的面部表情对学生心理也有一定的影响。如果教师精神焕发、面带笑容地走进教室，教师的情绪就会立即传递给学生，使学生感到轻松愉快，有利于传递教学信息，促进师生之间的情感交流；如果教师一进教室就冷脸相对、表情冷漠，会影响学生的情绪，造成思维迟钝，不利于学生的学习。因此，教师应善于运用自己的面部表情传递信息、表达情感，使情感的变化适应课堂气氛的需要。

面部表情的关键是眼睛。眼睛是语言与行动的先导。人的"七情六欲"都能从眼睛里折射出来。教师在教学过程中始终要面对学生，跟所有的学生都有目光接触的机会，目光的接触能够增加双方的信任。当教师发问时，向学生投去期待的目光，学生收到教师对自己的鼓励，经过思考，勇敢地各抒己见；当个别学生听课不认真时，教师将目光停留，学生就会有所觉悟，停止注意力偏离的行为。新教师上第一节课时，通常会把目光停留在天花板、门口、窗外，或者低头看教案，甚至会面向黑板讲课。心理学的研究表明，当一个教师不敢用目光接触学生，说明他缺乏自信心。因此，在教学过程中，教师要始终把全体学生放在自己的视野内，让每个学生都感觉到教师在注意自己。运用好目光接触的变化，能够拉近师生之间的心理距离，促进师生之间情感的交流。

5.4.2 信息传输通道及教学媒体的变化

根据美国哈佛商学院有关研究人员的分析资料，人类的大脑每天通过五种感觉器官接受外部信息的比例分别为味觉 1%、触觉 1.5%、嗅觉 3.5%、听觉 11%、视觉 83%。因此，人类对客观事物的感知是通过这五种感觉器官来完成的。另外，从信息传输理论的角度看，每种信息传输通道（与人类感觉器官相对应）传递信息的效率不同，疲劳的程度也不同。如长时间应用一种信息传输通道，容易造成学生注意力分散并产生疲劳。因此，在课堂教学中，教师应根据教学需要，适当变换信息传输通道，可交替使用直观教具、录音、板书、投影等来提高教师向学生传递教学信息的效率，也有利于学生对信息的接受。

从系统科学和认知心理学的角度看，课堂教学可看作是学生接受各种知识信号和信息，形成认知结构的过程。对于数学教学来说，学生接受信息主要有三条通道：视觉通道，听觉通道和触觉、嗅觉通道。

1. 视觉通道和媒体

教学中使用的视觉媒体是多种多样的，主要有实物、板书、挂图、模型、演示实验、投影、幻灯片、录像、教学电影等，它具有形象直观、活泼生动、可感易懂的特点。俗话说，"百闻不如一见"，视觉通道是各种感觉器官中效率最高的。视觉媒体的变化能引起学生参与课堂教学活动的兴趣，激发学生的学习动机，但容易使学生感到疲劳，应注意变换。

2. 听觉通道和媒体

只提供声音，这是听觉媒体最基本的特点。它更直接、更传神，更能引发学生的情绪反应和情感参与。由教师讲解、学生发言、录音等听觉通道传递教学信息的效率虽不如视觉通道高，但学生不易疲劳。为充分发挥学生感觉器官的功能，教师还可采用视听结合的方法，用视觉形象增强声音对学生的刺激，从而增强学生学习的效果。因此，听觉媒体还可以配合幻灯片、投影、实物等视觉媒体综合运用。

请看"轴对称"（人教版八年级数学上册）的教学片段。

师：同学们，我们先来欣赏课件上的图片，映入大家眼帘的是花丛中翩翩起舞的彩蝶，寒冬中晶莹剔透的雪花，京剧中五颜六色的脸谱，工艺中精美绝伦的窗花。（展示图片的同时配以音乐《天空之城》）

上述教学案例中，教师在展示轴对称图片的同时，配合优美动听的轻音乐，以婉转生动的描述性语言为学生制造了一个又一个精美绝伦的画面，从听觉通道上给学生强有力的听觉冲击，留下了无限的想象空间。

3. 触觉、嗅觉通道和学生的操作

触觉、嗅觉通道的信息量较小,在课堂教学中使用较少。其实触觉、嗅觉通道比视觉通道和听觉通道更直接,由此通道输入的信息较难遗忘。教师在教学过程中,应当根据教学内容的特点,选择合适的传输通道,或运用变化技能适当地变换传输通道,尽可能地调动学生不同的感觉器官,还应尽量为学生提供动手操作的机会,通过实践活动培养和发展学生的动手能力、观察能力和思维能力,继续维持学生的注意力,保持学生的学习兴趣,活跃课堂气氛,提高课堂教学效率,改进课堂教学。

研究表明,参与学习活动的感觉器官越多,学习效率就越高。在学生未疲劳之前及时地变化信息传输通道,实际上是保证了信息传输通道的效率。

案例——"三角形内角和"(人教版八年级数学上册):七年级学生具有好动、喜欢动手操作的特点,但注意力易分散,应采用丰富的教学方式吸引学生的注意力。请参阅如下片段。

师:同学们,还记得我们在小学四年级学过的三角形内角和定理吗?

生:记得。

师:它的内容是什么?

生:三角形的三个内角和等于180°。

师:很好,但是这个定理还没有得到严格的证明。如何证明呢?这就是我们这节课要探究的问题。(板书:三角形的内角和)

师:已知任意一个△ABC(图5-1)。

图5-1

求证:∠A+∠B+∠C=180°。

师:我们来看一下,这里出现了一个180°,那么请问,在过去所学的知识当中,有没有什么性质或定理有出现180°的?

生1:平角的度数等于180°。

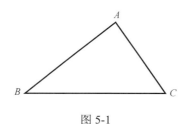

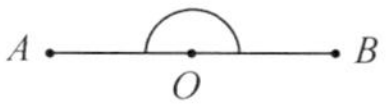

图5-2

师:对了,平角的度数等于180°。例如,图5-2中∠AOB是一个平角,因此它的度数是180°。(多媒体展示)(视觉通道传输和多媒体课件运用)

生2:两条直线平行,同旁内角的和等于180°。

师：好，两条直线平行，同旁内角互补，既然互补，它们的和就等于180°。例如，图5-3中的两条直线AB//CD，∠2和∠3是同旁内角。（多媒体展示）所以∠2加∠3就等于多少？

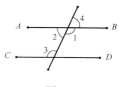

图5-3

生：180°。

师：那么还有没有呢？

生3：邻补角的和等于180°。

师：对了，邻补角的和等于180°，例如图5-3中的∠1的邻补角是哪个？（多媒体展示）

生3：∠2和∠4。

师：所以∠1+∠2=∠1+∠4=180°。

师：我们找到了三条思路，今天老师先要和大家一起来探讨如何利用第一条思路，也就是平角的定义，得到定理的证明。

师：首先，老师想先请同学们拿出手中的三角形（上节课布置的），观察一下，看看能不能通过对它进行剪切、拼接，从而构造出一个平角。

师：小明同学。（小明同学上讲台操作演示，其他同学在底下操作）（触觉通道传输）

师：（小明上台操作演示后）我们看到小明同学是把三角形下边的两个角∠B和∠C撕下来，然后分别把它们拼在∠A的左边和右边。我们看到这里出现了一个像平角的∠BAC（图5-4），而且这条直线跟下面这条边是什么状态？（视觉通道传输）

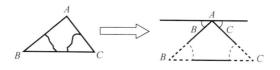

图5-4

生：平行的。

师：但是∠BAC到底是不是平角呢，我们还要进一步来证明。可能刚刚小明同学在上面演示的时候，有些同学看不太清楚，下面老师通过多媒体动画进行演示，再来把这个过程操作一遍。（视觉通道传输和多媒体展示）首先，一个三角形，老师把它下边的两个角，∠B和∠C撕下来，然后把∠B拼在∠A的左边，把∠C拼在∠A的右边，也就得到了和刚刚小明同学一样的∠BAC，那么这个角是不是就是180°呢？如果是的话，我们就可以说三角形的三个角的内角和确实是180°。（接下来和学生一起进行直观肯定）

师：不过呢，无论是刚刚同学的操作，还是老师的多媒体动画演示，都不是严格意义上的证明,因为在实际证明题目时我们不可能拿一个三角形来剪切、拼接,那我们要怎么办呢?(停顿)在刚刚的演示中,三角形的∠B 与∠A 左边的∠B 刚好组成内错角,我们是利用内错角来得到平行线,从而证明这是一个平角。现在我们能不能反过来,先做一组平行线,构造出平角,再利用内错角相等,通过等量代换得到定理的证明呢?答案是肯定的,下面老师就来给大家梳理一下这个证明的过程。(视觉通道传输和听觉通道传输同时运用)

在教学过程中,教师首先从触觉通道入手,引导学生自主动手操作,探究证明的思路。其次,再从视觉通道入手,通过多媒体动画演示,启发学生利用平行线的知识对其进行证明。最后,再板书整个证明过程。整个教学过程遵循学生的认知规律,使学生对知识的认识从感性逐步升华到理性。

5.4.3 师生相互作用的变化

新课程标准指出,教师应该把教学过程看成是师生交往、积极互动、共同发展的过程;并强调,教学是教与学的交往、互动,师生之间双方相互交流、沟通、补充,在这个过程中师生分享彼此的思考、经验和知识,交流情感、体验与观念,丰富教学内容,求得新的发现,从而达到共同进步,实现教学相长和共同发展。为了提高课堂教学效率,教师在课堂上应注意变化与学生相互作用的方式和学生学习的方式,高度重视课堂教学中的多向交往。相互作用的变化可以促进学生的学习,使学生在课堂学习中始终保持良好的心理状态。因此,为了更好地对数学课堂进行教学分析,提高教学质量,一般将师生相互作用的变化分为以下两种。

1. 师生交流方式的变化

教学过程是师生双边活动的过程。数学教学活动顺利进行的起点是数学教师与学生的相互交流。从信息论的角度看,这种交流就是数学信息的接受、加工、传递的动态过程。在这个过程里充满了师生之间的数学交流和信息的转换。现代课堂教学中师生交流方式有教师与全体学生交流、教师与个别学生交流、小组讨论时的交流、个别辅导时的交流。在课堂教学中,几种交流方式应经常进行变换,有利于调节学生情绪,积极参与教学活动,并培养学生独立思考的能力,创造积极的课堂气氛,有效地进行课堂教学调控。

案例——"圆"(人教版九年级数学上册):九年级学生的认知能力、理解能力相对于低年级的学生有了很大的提高,并且已经有了对几何图形初步的认知基础,且师生交流方式的改变有利于学生主导地位的体现。请参阅如下片段。

师:同学们,小明参加了学校的一个寻宝活动。主办方告诉小明从教学楼向东出发,到达第一棵树后打开手里的锦囊。小明到达第一棵树后打开了锦囊,得到这样一张纸条，宝物埋在距离你左脚 3m 处的地方。小明看后欣喜若狂，以为自己很快就能找到宝物，可是他东找找西找找，找了半天就是找不到宝物，小明十分郁闷。同学们，你们说，这宝物有可能藏在哪里啊？（停顿）（教师与学生做对话交流，做好引导者角色，提出问题）

生 1：在小明的左脚正右边的 3m 处。

生 2：在小明的左脚正左方的 3m 处。

生 3：在小明的一点钟方向的 3m 处。

生 4：在小明的三点钟方向的 3m 处。（学生为课堂主体，发表自己见解）

师：非常好，同学们给出了宝物位置的多种可能。按照刚才的分析，只要是距离小明的左脚等于 3m 的点都是有可能藏着宝物对吗？

生：对。

师：那这些点一共有几个啊？

生：无数个。

师：对，有无数个。那我们能不能把这无数多个点都在纸上一一画出来呢？

生：不能。

师：那我们要怎样才能把这无数个点都给找出来呢？（教师启发式提问，培养学生创造性思维）

生：连线。

师：对，我们可以选择一条线把这些点通通都给连起来。大家看，这是一个什么图形啊？

生：圆。

师：对，是一个圆。可是老师又有一个疑问，我们仅凭一条线把这些点连接起来就确定它是一个圆似乎不太严密。那要如何来证明它是一个圆呢？我们知道小明的左脚和宝物之间的距离是一段 3m 的定长，而小明的左脚又可以看成是一个？

生：定点。

师：所以我们可以取一段 3m 的定长，再以小明的左脚为定点，绕着这个定点旋转一周所构成的图形不就可以包含所有点吗？那通过定点和定长这两个要素确定出来的图形是什么？

生：圆。

师：对，圆（图 5-5）。非常好。那通过老师刚刚的描述，你们能够给出圆的准确定义吗？

师：首先我们要找到一个？

生：定点。

师：再取一段？

图 5-5

生：定长。

师：定长的线段绕它固定的一个端点（定点）旋转一周所形成的图形叫作圆。其中定点是这个圆的中心，也称为圆心，定长的线段称为半径。圆心和半径是圆的最基本的两个要素，只要确定了这两个要素，我们就能确定一个圆。那么现在大家用这两个要素，告诉小明，宝物的具体位置是怎样的啊？

生：宝物在以小明的左脚为圆心，半径为3m的圆上。

师：非常好。同学们在刚刚的寻宝活动中，不知不觉已经接触认识了一种新的几何图形——圆。下面就让我们一起来走进圆的世界，来更加深刻地了解它吧！

在教学过程中，教师通过与学生对话交流，时而作为引导者提出疑问，引导学生进行思考、回答问题，时而让学生积极发表自己的见解，培养其创造性思维。师生交流方式的变化能够让学生保持长时间的有意注意，有助于提高课堂教学效率。

2. 学生活动安排的变化

从信息论的角度看，课堂教学是由师生共同组成的一个信息传递的动态过程。在传统的教学中，教师往往采用"一言堂"的教学方式，这种方式比较突出和强调接受与掌握，相对来说冷落和忽视发现与探究，使学生学习成了被动接受、记忆的过程，抑制了学生的思维和智力，打击了学生的学习兴趣和热情，不利于学生的发展。新课程标准指出，现代教学主张既重结果更重过程，提倡自主、合作、探究的学习方式，充分尊重学生的主体地位。教师应该把学习过程中的发现、探究、研究等认识活动突显出来，使学习过程更多地成为学生发现问题、提出问题、分析问题和解决问题的过程。

案例——"等腰三角形的判定"（人教版八年级数学上册）：本节课是在学生学习了等腰三角形的性质"等边对等角""三线合一"的基础上，通过逆向思考，发现并证明等腰三角形的判定定理。等腰三角形的判定定理是证明两条线段相等的重要方法，它是把三角形中角的相等关系转化为边的相等关系的重要依据。教材通过对"如果一个三角形有两条边相等，那么它们所对的角也相等，反过来，如果一个三角形有两个角相等，那么它们所对的边有什么关系？"的思考，引导学生做出猜想，并运用证明三角形全等的方法，得出等腰三角形的判定定理。请参阅如下片段。

教学核心环节1：创设问题情境

问题1：等腰三角形的性质是怎样的？这个命题的题设和结论分别是什么？

师生活动：学生口述等腰三角形的性质，独立指出其题设和结论。题设：一个三角形是等腰三角形；结论：两个底角相等。

追问：交换这个命题的题设和结论，你能得到一个怎样的新命题？

师生活动：学生独立思考，相互交流，得到新命题：如果一个三角形有两个角相等，那么这个三角形是等腰三角形。

设计意图：从等腰三角形的性质出发，自然引入新课，沟通了新旧知识的联系，培养了学生逆向思维的能力。

问题 2：请动手画一个三角形，使它有两个角相等。你所画的三角形是等腰三角形吗？

师生活动：学生动手画图、测量，相互交流，得出结论，所画的三角形是等腰三角形。

设计意图：让学生在动手画图的过程中初步得出结论，感受实验几何是研究几何图形的一种重要方法。

教学核心环节 2：证明等腰三角形的判定方法

问题 3：你能证明"如果一个三角形有两个角相等，那么这个三角形是等腰三角形"这个结论吗？

师生活动：引导学生画出图形，写出已知、求证，要求学生独立完成证明过程。教师指出，我们通常这样描述等腰三角形的判定方法，如果一个三角形有两个角相等，那么这两个角所对的边也相等（简写成"等角对等边"）。

追问：你还有其他的证明方法吗？能作底边上的中线吗？

师生活动：学生相互交流作其他辅助线的方法，得出不能作底边上的中线来证明的结论。

设计意图：让学生经历文字命题的完整证明过程，进一步明确文字命题的证明步骤，培养学生的逻辑推理能力。

教学核心环节 3：初步应用，巩固新知

[例 1] 求证：如果三角形一个外角的平分线平行于三角形的一边，那么这个三角形是等腰三角形。

师生活动：学生独立画出图形，写出已知、求证，完成证明过程。如果学生有困难，教师引导分析：①要证明 $AB=AC$，如何选择证明方法？AB、AC 在同一个三角形中，应选择"等角对等边"。②建立三角形的外角和与之不相邻的内角关系。③利用平行转移已知角，最终使得相等的角转化到同一个三角形中。

设计意图：培养学生将数学中的文字语言转换成符合语言的能力，巩固等腰三角形的判定方法。

[例 2] 已知等腰三角形底边长为 a，底边上高的长为 h，求作这个等腰三角形。

师生活动：学生动手作图，教师给予适当的指导。

设计意图：学生在作图的过程中掌握作图的方法，巩固等腰三角形的相关知识。

在教学过程中，教师注意变化学生的活动方式，通过分组学习、师生共同讨论、做实践等，将"一言堂"转变为"群言堂"。这样，学生能够在一个轻松、愉快的学习氛围中学习，学生之间的横向交流和师生之间的纵向交流也得到了加强，达到了教师的期望效果。

5.5 实施策略

不同的教学手段有不同的教学特点，针对不同的教学目的和不同的教学内容，需要选择对应有效的变化类型和方法。为了有效地发挥变化技能的作用，营造良好的课堂教学效果，教师运用变化技能时，要注意以下实施策略。

5.5.1 要针对不同的教学目标确立具体变化

不同的教学目标应该采用不同的变化技能，不能将一种变化技能运用于所有的教学。要充分认识教师的教态变化对学生潜移默化的教育作用，以及情感上的影响，因此，每一次的变化都应该有着明确的目的，不能为了变化而变化。将变化当成了终极目标，不但无法收到良好的教学效果，反而会事倍功半、本末倒置。

请看"平行四边形"（人教版四年级数学上册）的教学片段。

教师总结判定平行四边形的方法。

定理1：两组对边分别相等的四边形是平行四边形；

定理2：对角线相互平分的四边形是平行四边形；

定理3：两组对角分别相等的四边形是平行四边形；

定理4：一组对边平行且相等的四边形是平行四边形。

此时教师耐心细致地讲解四条定理所需要的条件，防止学生混淆，并且关键知识点处都会提高语音语调引起学生注意，并且身体没有大幅度地移动。

上述教学案例中，教师很好地运用了适当的教态变化，使得知识点的讲解到位，学生的注意力也始终保持在新课的讲解上，有利于学生深刻记忆并学会应用。

5.5.2 要针对学生的能力、兴趣及认知水平选择变化技能

变化是引发学生学习动机和兴趣的重要手段。并不是所有的变化技能都适用于所有的学生，所以必须要围绕学生的特点设计各种相对应的变化方式，针对不

同的年龄层次的学生选择不同的变化技能，且变化的运用必须清晰准确。只有让学生理解所学知识，变化技能才是发挥了最大的作用。

请看"三角形内角和"（人教版八年级数学上册）的教学片段。

七年级学生的认知水平相对较低，抽象逻辑思维能力较差，因此得到三角形内角和是 $180°$ 的方法是用量角器去测量三个内角。单纯地使用触觉通道传输，并不能严谨地进行证明。而八年级学生的"三角形内角和"教学就不一样了，此时学生已经学习了平行线的有关知识，并且初步掌握了证明几何的一些方法，因此，他们既能够通过触觉通道，在动手操作图形的过程中自主探索出证明内角和定理的方法，又能够通过视觉通道，观看教师的动画演示，从而严谨地证明出该定理。

5.5.3 变化技能之间，变化技能与其他技能之间的连接要自然流畅

课堂教学中往往不可能只运用一种教学技能，而是多种教学技能交替使用。因此，变化技能的设计使用需要其他技能的共同协助，这就要做到各种变化技能之间、变化技能与其他技能之间的连接应该自然流畅，防止生硬的过渡，给学生以突兀的感觉。

请看"平方差公式"（人教版八年级数学上册）的教学片段。

师：在上课之前，我们来听这样一个故事。杨白劳在地主黄世仁那里租了一块正方形的土地去耕种，日出而作，日落而息，日子倒也还过得下去。可是，这一天，黄世仁对杨白劳说："我把这块地改为一边减少任意米，相邻另一边增加相应同等米数的长方形，继续租给你，租金不变，算是给你最大的优惠。你意下如何？这可是一笔很划算的买卖，你肯定不会吃亏的。"杨老汉心想，这黄世仁肯定没安什么好心，无奈自己文化程度又不高，何况土地的边长还是个未知数，他根本不知道如何来计算。（故事导入技能）那么办呢？同学们能帮帮忙吗？（通过提问技能引发学生思考）

生：（学生思考中）

师：老师现在想请大家用手中的彩色卡纸来抽象替代这块土地。大家动手操作一下，看看如果是按照黄世仁后来提出的方案，这笔买卖到底划不划算？好，我想请小明同学上台来操作一下。（学生上台操作）（触觉通道传输）

师：好，你解释一下，通过刚刚的操作，你发现它的面积增加了还是减少了？

小明：相比于原来的图形，现在的面积减少了。（图5-6）（视觉通道传输）

师：小明同学通过刚刚的操作直观地得出了面积减少这样一个结论。可是呢，我们虽然能够用纸板通过剪切或者拼接的方式来得到它的面积是减少的，但是在现实生活当中，土地那么大，我们总不能对一块土地也实行这样的操作吧。

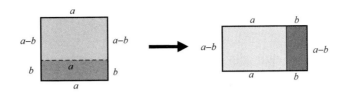

图 5-6

生：嗯。（学生点头）

师：那我们要怎么办呢，如何用更一般的方法来证明它呢？刚刚说到，土地的边长是一个未知数，既然是未知数，就可以任意设它为 a 米。此时这块正方形土地的面积是多少？

生：a^2。

师：对了，那么按照黄世仁后来提出的方案，变为一个长方形，根据长方形面积计算公式，此时的面积是多少？

生：$(a+b)(a-b)$。

师：再运用我们上节课学习过的多项式与多项式相乘的法则，最后可以得到？

生：a^2-b^2。

师：对，a^2-b^2（教师提高音量）（教态变化），那我们就可以得到下面这样一个等式。$(a+b)(a-b)=a^2-b^2$（板书）（视觉通道）

师：等号的左边是两个数的和乘上两个数的差，等号的右边是这两个数的平方差，像这种特殊的多项式展开形式我们就叫作平方差公式……

上述教学案例中，教师运用了多种技能，且各种技能转换恰当，使得整节课呈现出较好的教学效果。

5.5.4 变化技能的应用要适时适度，不能过于夸张，表演痕迹切忌太重

变化技能是引起学生注意的方式。适时是指要在恰当的时候运用变化技能。教学技能的变化总是为特定的教学目的服务的，因此应该在特定的时机采用。另外，变化技能的使用应该适度，不能变化过度，分散学生的注意力，以至耽误教学进度。尤其是非语言行为的运用要繁简适度，过繁会眼花缭乱，过简会显得呆板，都会影响课堂教学效果。另外，在教学过程当中，情感的流露应该自然，如微笑、点头、身体动作等，这些教态不应该是表演出来的，而应该是情不自禁的。如果一切变化都在设计中，那么整个教学过程将会变得生硬，缺乏感染力。

第6章　几乎可以服务于无限目的的板书技能
——论板书技能的运用与提升

请看"正方形"(人教版八年级数学下册)的教学板书。

> 18.2.3　正方形
> 正方形的特征：四条边相等、四个角都是直角。
> 正方形：平行四边形有一个直角，且一组邻边相等可以形成正方形。
> 　　　　长方形的一组邻边相等可以形成正方形。
> 　　　　菱形的一个角为直角可以形成正方形。

在该板书中，教师直接通过文字表达出正方形与其他的图形之间的关系，大量的文字不仅造成学生的阅读障碍，也不符合数学教学中使用图形直观反映图形之间关系的要求。相反，如果教师在分析平行四边形、长方形、菱形和正方形的关系时，采用以下板书。

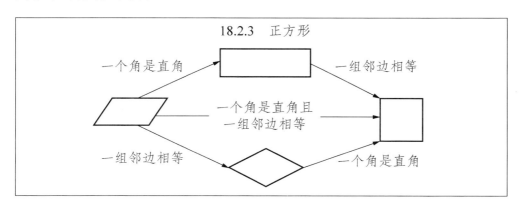

运用图示式的板书，利用文字和线条，将平行四边形、长方形、菱形和正方形四种图形的边、角等关系联系起来，形成一个图形之间的"关系结构图"，更直观地让学生了解四个图形之间的关系，提高学生对知识之间的迁移能力。

6.1　板书技能的概念

板书技能是指在课堂教学中，教师运用平面媒介（包括黑板、投影、展示台等）准确、有效、灵活地书写文字、符号或作图等，呈现教学内容，分析认识过程，使知识概括化和系统化，引导学生正确理解，加强记忆，提高教学效率的教学行为技能。

课堂板书一般分为两大板块，分别为主板书和辅助板书。主板书是教师在对教学内容进行概括的基础上，提纲挈领地反映教学内容的书面内容（包括讲授要点、内容分析、解题过程、概括总结），一般写在黑板的左部和中部。数学板书由于板书容量大，又要体现数学知识的连贯性，主板书一般写在黑板的左边。主板书作为一节课重点知识的体现和学生记录的重要内容，一般以教材内容的框架较长时间地保留下来。

辅助板书（又称副板书）是在教学过程中教师为了引起学生的注意或为了解释学生难以理解的问题，写在黑板右侧的书面内容。这一板块的灵活性较大，一般只起到辅助和补充的作用，在达到了理解目的的同时，它的作用性也随着降低，故没有必要保存过长时间。

6.2　板书技能的功能

板书技能是课堂教学技能中的重要组成部分。我国当代著名教育家朱绍禹先生指出，板书能点睛指要，给人以联想；形式多样，给人以丰富感；结构新颖，给人以美的享受。好的板书作为一种形象的、无声的书面语言，不仅能够调动学生的感觉器官，而且能有效地加强数学语言的信息传递，创设课堂审美情境与和谐气氛，丰富学生的审美心理体验。

6.2.1　凸显教学重点和难点，方便学生理解教材

请看"整式的加减"（人教版七年级数学上册）小结课的教学板书。

$$
\text{整式的加减}
\begin{cases}
\text{小结} \\
\text{用字母表示数} \\
\text{整式}
\begin{cases}
\text{单项式：系数、次数} \\
\text{多项式：项、次数、常数项}
\end{cases} \\
\text{同类项：定义} \\
\text{合并同类项：定义、法则、步骤} \\
\text{去括号：法则}
\end{cases}
$$

给出"整式的加减"这一章的知识结构图,突出本章的教学重点和难点,便于学生构建本章的知识体系框架,也便于学生自行梳理本章的知识结构和检查自己的掌握程度。

6.2.2 揭示教材内在的联系,促进学生构建认知结构

请看"多边形的内角和"(人教版八年级数学上册)的教学板书。

多边形的边数	图形	分割出的三角形个数	多边形的内角和
3	△	3−2=1	(3−2)×180°
4	▱	4−2=2	(4−2)×180°
5	⬠	5−2=3	(5−2)×180°
⋮	⋮	⋮	⋮
n	⬡	$n-2$	$(n-2)×180°$

教师启发学生通过将多边形分割成熟悉的三角形,再利用三角形的个数和边数之间的关系,得出多边形的内角和的计算公式。在具体讲解时,教师运用不完全归纳法,边提问边板书,让学生在回答中理清多边形内角和推理的思路,同时运用表格式板书使教师的归纳更具有条理性,使学生对多边形内角和的性质的认识也更具规律性。

6.2.3 加大信息刺激的强度,优化学习效率

请看"平方差公式"(人教版八年级数学上册)的教学板书。

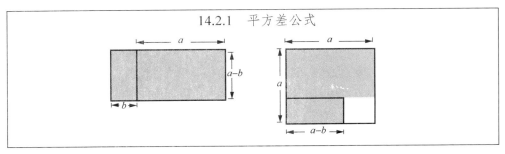

教师利用图片、符号、文字等多种形式丰富板书,突出教学信息的强化特征,

不仅调动学生选择性的知觉和无意注意，而且可利用双重编码方式进行记忆力的再加工处理，启发学生对数学知识学习的兴趣，促进学生认知活动的效率。

6.2.4 发展学生的抽象思维能力，启发学生的数学思维

请看"一元二次方程根和系数的关系"（人教版九年级数学上册）的教学板书。

21.2.4 一元二次方程根与系数的关系

方程	两根之和	两根之积
$x^2 + 6x - 16 = 0$	$x_1 + x_2 = -6$	$x_1 x_2 = -16$
$x^2 - x - 2 = 0$	$x_1 + x_2 = 1$	$x_1 x_2 = -2$
$x^2 + 3x - 4 = 0$	$x_1 + x_2 = -3$	$x_1 x_2 = -4$
$x^2 - 2x + 1 = 0$	$x_1 + x_2 = 2$	$x_1 x_2 = 1$

由于该教学点属于知识拓展的内容，课本中以 m 和 n 表示一元二次方程的系数，通过对两个简单式子的观察，让学生猜想系数 m 和 n 与两根的关系。学生对由具体的式子到抽象的过渡感觉比较困难，所以教师在教学中，精心设计板书，通过简单的例子对学生进行引导性启发，让学生从具体的例子中找出规律，并从中自主进行推出用字母表示的一般形式的一元二次方程的两个根和系数的关系，让学生体验从形象到抽象的思维转变过程，激起学生自主探索的学习精神，也启发了学生的数学逻辑思维。

6.2.5 树立正确示范，促进形成良好的数学素养

请看"三角形全等的判定"（人教版八年级数学上册）的教学板书。

12.2 三角形全等的判定

例 1，如图所示，$\triangle ABC$ 中 $AB = AC$，AD 连接点 A 与 BC 中点 D，求证 $\triangle ABD \cong \triangle ACD$

证明：∵ D 是 BC 的中点，

∴ $BD = CD$

在 $\triangle ABD$ 和 $\triangle ACD$ 中，

$$\begin{cases} AB = AC \\ BD = CD \\ AD = AD \end{cases}$$

∴ $\triangle ABD \cong \triangle ACD$（SSS）

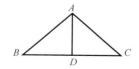

数学教师在板书中规范使用数学语言和符号,无疑会极大地促进学生良好的数学素养的形成。此外,严谨的示范会引导学生养成良好的数学用语习惯,这对学生的口头表述能力、书面表达能力和准确地运用知识等能力的培养十分有益。

6.3 板书技能的应用原则

由于数学学科自身的特点,数学板书相对于其他学科的板书,内容尤为丰富。如在对定理、推论等进行证明时,不仅有大量的符号,还需要对图形进行分析说明;在对新概念的学习中,时常引用数学文字进行表述;在师生互动中,板书是教师和学生共同参与的"作业"等。由于板书受上课时间、黑板板面大小、学生的掌握情况等限制,要求教师遵循板书技能的原则,精心设计一个灵活性强、少而精的板书,驾驭课堂,引导学生。

6.3.1 目的性和针对性原则

请看"整式的加减"(人教版七年级数学上册)小结课的教学板书。

小结

1. 单项式:由数字和字母的_____组成的式子叫作单项式,单独的一个数或字母也是单项式。

   单项式的系数:单项式中的_____叫作这个单项式的系数。

   单项式的次数:一个单项式中_____叫作这个单项式的系数。

2. 多项式:几个单项式的_____叫作多项式。

   多项式的次数:多项式里_____的次数,叫作这个多项式的次数。

   整式:_____和_____统称整式。

采用提问学生教师板书的形式,有目的性地实现学生对"整式的加减"这一章重要概念的回顾。同时利用填空式板书,有针对性地让学生重点关注空缺的部分,理解了空缺部分的内容也就基本掌握教学重点。

6.3.2 科学性和示范性原则

请看"三角形全等的判定"(人教版八年级数学上册)的教学板书。

12.2 三角形全等的判定

例 5 如图所示，$AC \perp BC$，$BD \perp AD$，垂足分别为 C，D，$AC = BD$。求证 $BC = AD$。

证明：$\because AC \perp BC$，$BD \perp AD$，

$\therefore \angle D$ 和 $\angle C$ 都是直角

在 $Rt\triangle ABC$ 和 $Rt\triangle ABD$ 中，$\begin{cases} AB = BA \\ AC = BD \end{cases}$

$\therefore Rt\triangle ABC \cong Rt\triangle ABD$（HL） $\therefore BC = AD$

全国现代教学艺术研究会副理事长李如密在《教学艺术论》中写道，教学板书具有很强的示范性特点，好的板书对学生是一种艺术熏陶，起到潜移默化的作用。教师在板书时的字迹、书写笔顺、演算步骤、解题方法、制图技巧、板书态度、习惯动作与语言等，往往成为学生模仿的对象，留下深刻入微的影响。因此，在板书时教师要充分认识这一点，严格要求自己，规范数学语言符号的运用、解题与证明的格式步骤，且板书要力求书写规范，字迹工整，尺规作图，给予学生科学准确的示范，帮助学生建立良好的数学学习习惯。以上案例中板书的整个证明过程思路是正确的，但是教师在板书中对运用 HL 定理的表达不规范，HL 定理是对于直角三角形适用的，应该在直角三角形中进行讨论，而且在解题的过程中格式很不规范，容易让学生模仿，存在错误诱导学生的可能。

6.3.3 系统性和条理性原则

请看"圆的基本性质"（人教版九年级数学上册）复习课的教学板书。

圆的基本性质

一、圆的定义

（一）定义 1

在一个平面内，线段 OA 绕它固定的一个端点 O 旋转一周，另一个端点 A 随之旋转所形成的图形叫作圆。

（二）定义 2

圆是到定点的距离等于定长的点的集合。

二、圆的有关性质

（一）圆的对称性

（二）垂径定理及推理

教师进行板书时，必须层次分明、条理清晰，体现教学内容的顺序和逻辑关系。杂乱无章、任性随意的板书不但会使学生无法记录，还会扰乱学生的思维，

影响教学效果。因此，教师运用提纲式编号板书，将圆的基本性质的知识要点有条理性地呈现出来，学生在上课的过程中，可以清晰地理解教师的上课思路，也能有效地掌握基本的知识结构。

6.3.4 计划性和合理性原则

请看"平方差公式"（人教版八年级数学上册）的教学板书。

14.2.1　平方差公式

平方差公式：
$(a-b)(a+b)=a^2-b^2$
两个数的和与这两个数的差的积，等于这两个数的平方差。

例题：（1）$(3x+2)(3x-2)$
　　　（2）$(b+2a)(2a-b)$
解：（1）原式 $=(3x)^2-2^2$
　　　　　　$=9x^2-4$
　　（2）原式 $=(2a+b)(2a-b)$
　　　　　　$=(2a)^2-b^2$
　　　　　　$=4a^2-b^2$

练习题：
（1）98×102
（2）$(y+2)(y-2)$

教师在设计板书时，要根据黑板的大小，进行合理分块，要考虑是否需要配图，用什么工具画图，图要画在什么位置；哪些内容要进行保留，哪些内容可以擦去；哪个知识点需要用不同颜色的粉笔进行着重强调；哪些题目要适当让学生板书等。教师要根据教学要求，全盘考虑，对板书进行合理布局、周密计划，确定好板书的格式，规划好板书的位置。

6.3.5 多样性和灵活性原则

请看，在"三角形全等的判定"（人教版八年级数学上册）的教学片段中，教师采用以下两种不同形式的板书将知识点展现给学生。

形式1：

12.2　三角形全等的判定

1. 性质：全等三角形的对应边相等；
　　　　全等三角形的对应角相等。
2. 判定定理：
　　　三边对应相等的两个三角形全等。（SSS）
　　　两边和它们的夹角对应相等的两个三角形全等。（SAS）
　　　两角和它们的夹边对应相等的两个三角形全等。（ASA）
　　　两角和其中一个角的对边对应相等的两个三角形全等。（AAS）
　　　斜边和一条直角边对应相等的两个直角三角形全等。（HL）

形式2:

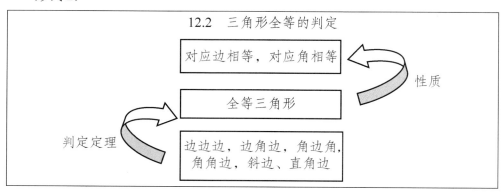

以上是运用两种不同的形式板书全等三角形的性质和判定定理。形式1是运用文字和数学符号进行表达，形式2是运用图示式的板书进行归纳，两者的形式不同，但都体现了相同的教学内容，揭示了相同教学内容的共同规律，启发了学生对数学逻辑的思维能力。

6.3.6 启发性和艺术性原则

请看"一元二次方程根与系数的关系"（人教版九年级数学上册）的教学板书。

方程	两根之和	$\dfrac{b}{a}$	两根之和与$\dfrac{b}{a}$的关系	两根之积	$\dfrac{c}{a}$	两根之积与$\dfrac{c}{a}$的关系
$2x^2+3x+1=0$	$-\dfrac{3}{2}$	$\dfrac{3}{2}$	相反数	$\dfrac{1}{2}$	$\dfrac{1}{2}$	相等
$x^2-8x+9=0$	8	-8	相反数	9	9	相等
$3x^2+5x-2=0$	$-\dfrac{5}{3}$	$\dfrac{5}{3}$	相反数	$-\dfrac{2}{3}$	$-\dfrac{2}{3}$	相等
$ax^2+bx+c=0$	$-\dfrac{b}{a}$	$\dfrac{b}{a}$	相反数	$\dfrac{c}{a}$	$\dfrac{c}{a}$	相等

由上述案例可以看出，配合教学内容的特点及有关数学思想方法进行巧妙设计，有助于激发学生思考问题、发现规律，可以充分地调动学生的积极性，使学生"不知不觉"地将知识领会。

板书设计是一种特殊的艺术展示，是教师智慧的表现和创造性劳动的结晶，渗透教师的学识、智慧和审美情趣。板书不仅要具有概括具体、条理清晰的特点，还应符合审美原则，应融艺术性、欣赏性于其中，给学生以美的享受，为学生接受新知识创造良好氛围。因此，教师要用最凝练的文字或简洁明了的图形、符号反映教学的主要内容，要突出教学的重点、难点，以流畅漂亮的书法、新颖别致的布局、错落有致的数学符号、精美的几何与函数图像激发学生的学习兴趣，促使学生注意力集中。需要注意的是，板书中也可用特殊符号和彩色粉笔点缀，但须适量，不能喧宾夺主。

教师在板书技能原则的规范下，设计出一幅优秀的板书，通过板书使教学内容在学生的头脑中留下鲜明且深刻的印象。倘若在教学过程中，抛弃原则，随心所欲地板书，不但会给学生留下较为混乱的印象，还会分散学生的注意力，在一定程度上弱化课堂教学效果。

6.4 板书技能的类型

课堂板书要求根据教学目标、教学内容、学生的接受能力等不同进行适当设计。教师不仅要有条理地体现教学内容，同时也要注重板书的美观。利用主板书和辅助板书的相互配合，设计出一幅形式优美、重点突出、高度概括的板书。板书的类型多种多样，基于板书对数学知识结构的表现形式不同，板书可分为提纲式板书、过程式板书、表格式板书、对比式板书和图示式板书五类。

6.4.1 提纲式板书

提纲式板书，是经过分析和综合后，把一节课的教学内容归纳为几个要点，用简明扼要的文字高度概括数学知识，反映教学的结构、重点和要点，并提纲式地呈现在板书中。这种类型的板书条理清楚，重点突出，是数学课堂中常用的板书，尤其在小结课和复习课中会更多地使用。使用提纲式板书，学生能更快地抓住要领，掌握学习内容的层次和结构，有利于分析和概括问题能力的发展。

案例——在"整式"（人教版七年级数学上册）的教学中，教师出示如下板书。

2.1 整式

一、单项式
1. 单项式的概念：……
2. 单项式的系数概念：……
3. 单项式的次数概念：……
4. 例题，……

本节课是七年级数学上册第二章"整式的加减"第一节"整式"的第一课时，是一节概念课。在此之前学生已经学习了用字母表示数及有理数运算，通过本节课的学习，学生对单项式、多项式、整式及相关概念的认识会更加完整。且七年

级学生由于知识经验相对贫乏，思维以具体形象思维为主，往往只善于记忆事物的外部特征，掌握知识之间的外部联系。这样的心理发展水平决定了这个学段的学生在学习活动中，机械记忆仍占主导地位，更倾向于通过教师讲、自己听的方式进行学习，而且带有明显的机械成分，较多知其然而较少知其所以然。因此，在教学过程中，教师通过提纲式板书，将整式中单项式的概念及单项式涉及的相关概念、典型例题板书出来，使整节课条理清晰、知识结构层次分明、重点知识突出，有利于学生抓住本节课的关键，构建知识系统。同时，板书的结构清晰工整，所以有助于吸引学生模仿教师的板书认真做笔记，集中注意力听讲。

6.4.2 过程式板书

过程式板书是在数学课堂中一一体现教学内容的一种板书类型。主要运用在数学定理、公式的推导及例题的证明等需要强调过程的课堂教学中。它浓缩了数学板书的精华，逻辑性极强。教师在数学课堂中运用该板书，主要是向学生揭示知识的产生过程，引发学生的认知过程，其中不仅体现了数学思想和方法，还有助于促进学生推理论证能力和运算求解能力的发展。

案例——在"圆的综合法证明题"（人教版九年级数学上册）的教学中，教师出示如下板书。

题目板书：

例题，如图所示，已知圆 O 的两直径 AB 与 CD 相互垂直，E 为弧 AD 上任意一点，BN 垂直 CE 于 N，AM 垂直 CE 于 M，且 $CM = BN$，求证：$S_{ACBE} = \frac{1}{2}CE^2$。

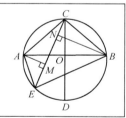

解题板书：

综合法：

$\because AB$、CD 为直径且相互垂直

则在 Rt$\triangle AME$ 中，$\angle AEM = \angle EAM$

$\therefore AM = EM$

$\therefore CE = AM + BN$

$\therefore S_{ACBE} = \frac{1}{2}CE \cdot (AM + BN)$

$\therefore S_{ACBE} = \frac{1}{2}CE^2$

本节课是九年级数学上册第二十四章"圆"第二节"点和圆、直线和圆的位置关系"的第二课时，学生在已经了解圆及与圆有关的位置关系的基础上，继续深入学习圆的综合法的证明方法。九年级学生对几何图形已经具有一定的知识经验，抽象逻辑思维能力较强，但类比、归纳的思维能力较差，且教学对象对于证明题仍旧存在一定的恐惧心理，对于证明题如何从已知条件得到证明结论都无从下手。因此，在教学过程中，教师采用过程式板书，利用直径的性质和三角形中的相等关系，逐步推导，揭示证明的过程。不仅让学生体会到三角形性质的实际运用，而且也让学生体会到数学证明的逻辑严谨性。运用此板书，向学生呈现逻辑可循的证明过程，帮助学生克服感觉证明题无从下手的恐惧心理，提高对几何图形的分类和归纳能力。

6.4.3 表格式板书

表格式板书，是用表格的形式将教学内容表现在板书中的一种类型。它适用于教学中对各类相似的概念或信息归类的题目等，利用表格分清类目，加强学生对数学知识的记忆、分类、归纳和对比，培养学生对数学系统化的思维。一般地，教师在设计表格式板书时，要将教学的主要内容呈现出来，提出具体问题，引导学生通过思考完成空格。

案例——在"分式方程"（人教版八年级数学上册）的教学中，教师出示如下板书。

题目板书：

> 例题，某商场销售某种商品，第一个月将此商品的进价加价 20% 作为售价，共获利 6000 元；第二个月商场搞促销活动，将商品的进价加价 10% 作为售价，第二个月的销量比第一个月增加 100 件，并且商场第二个月比第一个月多获利 2000 元。请问，此商品的进价是多少元？

解题板书：

	进价	售价	一件的利润	总利润	件数
第一个月	x	$(1+20\%)x$	$0.2x$	6000	$\dfrac{6000}{0.2x}$
第二个月	x	$(1+10\%)x$	$0.1x$	8000	$\dfrac{8000}{0.1x}$

> 等量关系：第二个月的件数－第一个月的件数＝100（件）
>
> 解：设此商品的进价为 x 元，依题意得
>
> $$\frac{8000}{0.1x}-\frac{6000}{0.2x}=100$$
>
> 解得，$x=500$
>
> 答：此商品的进价为 500 元。

本节课是八年级数学下册第十五章"分式"第三节"分式方程"的第一课时，学生已在上一节中学习了分式的运算，为这节课做铺垫。通过本节课的学习，学生将理解根据实际问题列出分式方程。八年级学生的发散思维能力较强，但收敛思维能力较弱，学生对知识集中分析、综合概括的能力还有待提高。例如，学生在处理信息量比较大、关系比较复杂且贴近生活的实际问题时，往往很难理清其中的数量关系。因此，在教学过程中，教师采用表格式板书帮助学生理清复杂问题中的数量关系，将难懂的语言文字转化为直观的表格，不仅教会学生用表格来处理信息，而且能够提高学生分析问题、综合解决问题的能力。

6.4.4 对比式板书

对比式板书，是根据教学内容和学生已有的相关知识，运用对比的方法，分析知识之间的异同之处，形成对比强烈的两个模块的板书。这种板书对比鲜明、条理清晰，有利于优化学生的知识结构，指导学生分清知识的共性与个性，体会数学的归纳和求异思想，训练学生的思维能力。

案例——在"三角形的内心和外心"（人教版九年级数学上册）的教学中，教师出示如下板书。

画图板书：

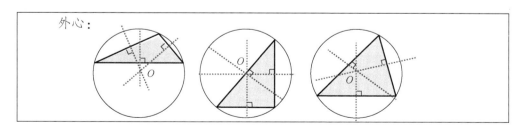

文字板书：

三角形的内心和外心	
内心	外心
1. 定义 内心是三角形三条角平分线的交点，它是内切圆的圆心。	外心是三角三边垂直平分线的交点，它是外接圆的圆心。
2. 性质 内心到三角形三边的距离相等。	外心到三角形三个顶点的距离相等。
3. 位置与三角形形状的关系 始终在三角形的内部。	在锐角三角形的内部。 在直角三角形的斜边的中点上。 在钝角三角形的外部。

本节课是九年级数学上册第二十四章"圆"第二节"点和圆、直线和圆的位置关系"的第二课时，学生通过已学习过的三角形外接圆的画法及有关概念研究三角形的内切圆的画法及有关概念。随着年龄的增长，学生的理解记忆逐步发展，但机械记忆仍是学生记忆的主要方法，他们不善于理解记忆对象的内部本质，较难让记忆对象与已有知识建立联系，容易混淆两种或两种以上存在某些关系的相似知识；接受知识比较被动，不善于发现知识之间的关系。例如，在学习三角形的内切圆和外接圆时，大多数学生会混淆外心和内心的概念及性质，学生的思维活动还需要教师给予直观感性经验的支持。因此，在教学过程中，教师采用对比式板书，使得三角形内心和外心的定义、性质、位置与三角形形状的关系形成直观鲜明的对比，给予学生直观性的引导，有利于学生对知识进行观察、对比和归纳，让学生学会主动发现知识之间的关系，使知识有序化、系统化，同时提升学生类比归纳的抽象概括能力。

6.4.5 图示式板书

图示式板书，是利用文字、数字、符号、线条、框图等构成某种图形的板书类型。图示式板书的优点是形象生动、直观明了，图形的各种排列组合容易吸引学生的注意，能够有效地对教学内容进行比较和分析，引导学生对知识产生联想和记忆。此类板书的应用范围比较广，在复习课或新课时都可使用，它通过线条的连接将教学内容成为一个整体，体现其中的逻辑关系，是为学生建立知识体系的有效板书。

案例——在"一元一次方程"(人教版七年级数学上册)的教学中,教师出示如下板书。

具体问题解题板书:

例题,整理一批数据,由一个人做需要 80 小时,现在计划先由一些人做 2 小时,再增加 5 人做 8 小时,共完成这项工作的 $\dfrac{3}{4}$,怎样安排参与的具体人数?

审:工作效率　　工作时间:前 2 小时　　后 8 小时　　完成的工作量
　　$\dfrac{1}{80}$　　　　　　　　一些人×2　　(一些人+5)×8　　$\dfrac{3}{4}$

等量关系:工作效率×工作时间=工作总量

设:先由 x 人整理数据,依题意得

列:$\dfrac{1}{80}\bigl[2x+(x+5)\times 8\bigr]=\dfrac{3}{4}$

解:

验:

思路总结板书:

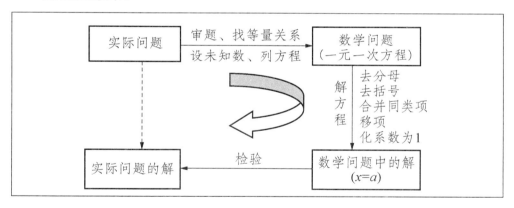

本节课是七年级数学上册第三章"一元一次方程"第一节"从算式到方程"的第一课时。学生在小学阶段已经初步接触过方程,了解方程及方程的解,并学会运用逆运算法解一些简单的方程。本节课将带领学生继续学习方程和一元一次方程等内容。七年级学生的知识经验相对贫乏,以具体形象思维为主,往往只善于记忆事物的外部特征,掌握知识之间的外部联系,对将实际问题转化为数学语言难以下手,对题量大的应用题无法准确提取信息。因此,在教学过程中,该图示式板书采用箭头、方框等基本图形将一元一次方程这一章的知识有机地联系起来,既简洁明了、概括性强,又形象具体,体现了知识之间的联系性,有利于学生将分散的知识串联起来,使知识结构化、系统化,从而加深学生对信息量大的题目的理解,同时培养学生的逻辑思维能力。

教师应根据教学内容、教学目标的不同,适当选择板书的类型。各种类型的板书都有各自的优势,教师在教学中要钻研教材,选取最能反映教学内容的板书形式,这样不仅给予学生视觉上的享受,同时使学生更好地理清教师教学的思路,从而更准确地把握本节课的知识内容。

6.5 板书技能的实施策略

苏联著名教育家加里宁有一句话:"教育事业不仅是科学事业,而且是艺术事业。"成功的教学是高度的科学性和完美的艺术性的有机结合,所以坚持教学原则,使用艺术手法,优化教学过程,浇灌学生心田,是教师的一种高尚追求。板书技能是教学中的一种综合艺术,设计板书也是一个艺术创作的过程。

课堂板书作为一门教学艺术,应该引起数学教师的高度重视。板书的设计反映教师对教材理解的深度,体现教师艺术修养的高度,将板书设计得当、生动美观,彰显出一个教师严谨的教学态度和深厚的教学素养。所以,教师要摆正课堂教学与板书的关系,提高板书技能,促进师生双方数学素养的形成。教师运用板书技能时,要注意以下实施策略。

6.5.1 提纲挈领,条理清晰

在数学的教学过程中,教师应有条不紊地按照教学计划进行,并将讲解和板书两者进行灵活运用。教师在一讲一写的过程中,要将有关的教学内容加以概括,使得板书的脉络和层次与数学的专业语言和符号形成一个整体。如果一节课的板书凌乱不清,学生将无法集中精神,课堂纪律也会受到影响,进而影响学生的学习效率。

要使板书的条理清晰,可以将教学内容的层次进行划分,按照层次的不同对教学内容进行规范编号。按照规范的用法,各级提纲的编号体系为:

二级提纲	三级提纲	四级提纲	五级提纲
一、	一、	一、	一、
1.	(一)	(一)	(一)
	1.	1.	1.
		①	(1)
			①

6.5.2 抓住要点，合理规划

在设计教学板书时，要以教学内容和教学目的为板书的基础。由于一节课的知识内容繁多，将它们面面俱到地呈现在黑板上是很不实际的。在设计板书时，要从教学目的出发，抓住教学内容的重点、难点和关键之处，以此来设计板书，才能在教学过程中更好地发挥板书的作用。

教师在教学中要紧抓教学目标，根据教学内容的知识结构，合理规划板书的位置。在组织教学中，不仅要体现教学内容各部分之间的关系，更要体现学生的认知过程和思维过程。合理安排板书的结构，要全盘考虑，将主板书和辅助板书的作用最大限度地发挥出来，切忌随心所欲。

6.5.3 适时出示，突出重点

在数学教学中，板书和讲解是一个不可分割的整体。两者的有机结合是完成一节课的重要手段。但是在教师讲与写的过程中，该如何配合才能更好地完成教学呢？结合的形式一般有先写后讲、先讲后写、边讲边写等几种。要根据教学的需要，适当选择符合课堂的结合形式。而在板书的展现过程中，何时出示标题、何时出示问题、何时出示结论，都要周密计划、精心设计，做到适时出示板书。板书的提前或滞后，都会破坏正常的教学节奏，影响教师和学生的思路。一般而言，板书结论性知识时，推理结束；对讲清个别字句、概念的解释后要及时擦去，不要滞留太久，防止分散学生的注意力。

为突出重点，教师要注意板书字体的大小、粗细，还可以用不同颜色的粉笔进行适当标注，以引起学生的重视。

6.5.4 书写端正，作图规范

教师的板书是学生模仿的榜样，起到示范性作用。从板书的书写来说，教师的字迹必须工整，笔顺要正确，字体不能潦草，不要出现错别字，且字体的大小要适宜，板书的行间要错落有致。对数学中出现的专业语言和符号要符合书写标准，不要出现混乱不清的错误。要求必须用辅助工具作图，既准确又直观。不要贪图方便而随手做题，防止学生模仿，养成随手做题的坏习惯。同时，板书的书写速度，也要与口头表达一致，从而加强教学的节奏感。

优秀的板书，应是字迹美观、数形并茂、布局合理、疏密有致、条理清晰，更是教师给学生树立的示范榜样。这也正说明教师身份的特殊性和示范性，通过言传身教，能用积极的态度影响学生的个性品质和思想。

6.5.5 注意配合，增加效率

板书作为教学中有机组成的一部分，要完成一整节课则需要积极与其他的教学活动相配合。教师灵活地将板书与其他的教学活动结合起来，尤其是与讲解配合，可以很大程度地提高教学效率。当然，在利用教具、绘制图形、演示媒体、分析讲解中，要注意教学时间的分配。一般情况下，教师往往是边讲解、边书写、边引导学生，学生是边听课、边记录、边思考。讲解教学重点、难点时，教师在板书的过程中要适时停顿，留给学生思考的时间，再进行分析讲解，直到板书结束。

新课程标准提出，课堂要以学生为主体，所以在教师板书教学内容之余，为检查学生的接受情况，也可让学生到黑板上进行板书。在板书的过程中，教师可以透过学生板书的格式、板书的结果等及时了解学生的掌握程度，不仅能够及时纠正学生的错误，而且能够加强师生的合作，丰富课堂的形式。

当然，板书没有固定的模式，只要是能够让学生积极地参与到教学活动之中，能够引导学生自己去发现问题、提出问题并解决问题，从而提高学生的能力，并且具有严密的逻辑性、高度的抽象性、广泛的应用性的板书，就是好的板书。

第7章 教师之为教，不在于全盘授予，而在循序诱导

——论提问技能的运用与提升

中国教育家叶圣陶先生曾说："教师之为教，不在全盘授予，而在相机诱导。"教师应该如何诱导呢？他认为一要提问，二要指点。提问，是教学语言中最重要的部分，然而课堂教学中的提问是需要技巧的，有的提问能"一石激起千层浪"，有的提问，学生却毫无反应。

请看"正比例函数的图像与性质"（人教版八年级数学下册）的教学片段。

师：学习完正比例函数的概念后，我们下面该研究什么内容？

生：（没有任何反应）

师：回忆已经学过的知识，能猜出我们今天的研究内容吗？

生：应用正比例函数解决实际问题。

师：不对，再猜一猜？

生：（面面相觑，有的开始动手翻课本）

师：（眼看课堂陷入僵局）还是让老师告诉大家吧，我们今天研究的是正比例函数的图像与性质……

学生刚刚学习了正比例函数的概念，还没接触其性质，如何从正比例函数的概念的教学过渡到其性质的教学，是教师需要注意的一个教学点。

7.1 提问技能的概念

提问技能是教师运用提出问题、诱导学生回答和处理学生答案的方式，启迪学生的思维，促进学生参与学习，理解和应用知识，培养能力，了解学生的学习状态的一类教学技能。

一个完整的提问过程，包括以下三个阶段。

第一，引入阶段。教师用指令性语言由讲解转入提问，使学生在心理上对提问有所准备。然后用准确清晰的语言提出问题，稍等片刻，再指定某位学生回答。

第二，介入阶段。在学生不作回答时才引入此阶段。此时，教师要以不同的方法鼓励和诱导学生作答。教师可查核学生是否明了问题，催促学生回答，提示材料，协助学生作答；还可运用不同词句、重复问题等方式进行诱导。

第三，评核阶段。教师以不同方式处理学生的答案，包括检查学生的答案，估测其他学生是否听懂答案，重复学生回答的要点，对学生所答内容加以评论，依据学生答案联系其他有关资料，引导学生回答有关的另一问题或追问其中某一要点（进行延伸和追问），更正学生的回答，就学生的答案提出新见解、补充新信息，以不同词句强调学生的观点和例证，还可以引导其他学生参与对答案的订正和扩展。

7.2 提问技能的功能

宋代理学家朱熹曾说："读书无疑者，须教有疑。有疑者无疑，至此方是长进。"学习的过程实际上是激疑、集疑、释疑的过程，因此，有经验的教师几乎每节课都要精心编拟不同水平、形式多样、发人深思的问题，选择恰当的时机进行提问。提问技能的教学功能主要有以下几点。

7.2.1 吸引学生注意

通过提问能把学生引入"问题情境"，使他们的注意力迅速集中到特定的事物、现象、专题或概念上，产生解决问题的自觉意向。

例如，在引入"整式的运算"这节新课时，可创设如下教学问题情境。请同学们在练习本上任意写一个两位数，再按如下顺序运算：①用这个两位数依次减去十位上的数字与个位上的数字；②再把所得的数的各数位上的数相加；③再乘以 15 减去 88，结果等于多少？全班同学在纸上写的数虽然不相同，结果却都一样。同学们面面相觑，这是怎么回事呢？在大家产生强烈兴趣的基础上，教师说："如果你们想知道其中的奥妙，就要学好本节课的知识。"这样从课程一开始就把学生的注意力吸引到所要讲授的问题上了。

7.2.2 增进情感交流

《全日制义务教育数学课程标准（实验稿）》强调要关注学生在数学活动中所表现出来的情感和态度。课堂提问是师生互动的一个过程，在这个过程中，表达了教师的教学需要和学生的认知现状及态度。这种不断对话、交换思维活动的过程，实际上也是一个沟通的过程。这种沟通由浅入深、由不了解到了解，包含了情感的推进与融合，增进了师生的情感交流。

7.2.3 启迪思维活动

通过提问，引导学生回忆、联系、分析、综合、概括，从而获得新知识，形成新概念。相应地，学生通过问题的解答，能提高解决问题的能力及口语表达的能力。

7.2.4　反馈调控教学

通过提问教师可以及时得到反馈信息，不断调控教学程序，为学生提供机会，激励学生提出疑问，积极主动地参与教学活动。

7.3　提问技能的应用原则

中国教育家陶行知曾说："教学的艺术全在于如何恰当地提出问题和巧妙地引导学生作答。"因此，教师应当注重问题设置的质量和讲究课堂提问的艺术技巧。提问合理，问题获得解决，能强化学生进一步学习的动机，激发学习的积极性，取得应有的课堂教学效果。为此，教师首先需要掌握提问技能的应用原则。

7.3.1　有效性原则

提问技能的有效性原则包括问题要有导向性、问题要有启发性、提问方法要有有效性等方面。

1. 问题要有导向性

请看"一元二次方程"（人教版九年级数学上册）的教学片段。

师：在一元二次方程 $10x^2 = 9$ 的定义中，要限制 $2x^2 - 3x = 1$，能把这个条件去掉吗？

生：不可以。如果 $x^2 - 2 = x$，$9x^2 = 5 - 4x$ 就变为 $3y^2 - 1 = 3y$，此时就不是一元二次方程了。

上述教学片段是在学生初学一元二次方程概念的基础上进行的，此处教师的教学提问符合当前教学要求和学生的认知水平。如果教师此时再追问"2^6 是什么方程"，则会冲淡此时的教学主题，影响学生对一元二次方程概念的掌握。

2. 问题要有启发性

请看"有理数——负数"（人教版七年级数学上册）的教学片段。

师：同学们，3 是负数吗？

生：不是。

师：那 3 是正数吗？

生：是。

师：-6 是正数吗？

生：不是。

师：那-6是负数吗？

生：是。

上述教学片段中，教师仅仅为了激发学生上课的积极性，而使整节课华而不实，师生间的对话流于形式，无启发性。相反，教师恰到好处的提问，不仅能激发学生强烈的求知欲望，还能促其知识内化，唤醒学生对新旧知识的联系，激活学生主动思考的兴趣，点悟学生冲破思路的迷雾。

请看"全等三角形"（人教版八年级数学上册）综合练习的教学片段。由于之前从未遇到此类型问题，学生不具备解决此类问题的技巧和能力，在证明讲解之前教师提了三个问题。

例题，已知：如图7-1所示，$\triangle ABC$中，E、G在线段AB上，F、H在线段BC上，$AC /\!/ EF /\!/ GH$，且$AE=BG$。求证：$AC=EF+GH$。

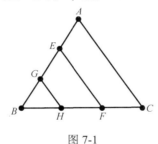

图 7-1

问题1：已知两条线段相等，你可以怎么利用呢？已知两条直线平行，又可以怎么利用呢？

问题2：你能把这个问题转化为证明两条线段相等的问题吗？

问题3：把长线段截短或把短线段补长是"证明一条线段等于另两条线段之和"时常用的方法。这道题能用这种方法吗？

3. 提问方法要有有效性

请看"轴对称"（人教版八年级数学上册）课后习题的教学片段。

例题，如图7-2所示，A和B两地在一条河的两岸，现要在河上造一座桥CD，桥造在何处才能使从A到B的路径最短？（假定河的两岸是平行的直线，桥要与河的两岸垂直）

图 7-2

师：同学们，我们现在来看上面这道应用题，这道题要解决的是什么问题呢？

生：（学生在纸上试着画）AC、CD、DB 三条线段之和最短。（学生成功地在教师的提问下，将实际问题转化为数学问题）

师：观察这三条线段，问题还可以转化得更简单一些吗？

生：线段 CD 是定值，所以三条线段之和最短可以转化为 AC、DB 两条线段之和最短。

师：非常好，两条线段之和最短问题的解决方法是什么？（教师引导学生将新问题向已学过的知识转化）

生：使两条线段共线。

师：如何能够使 AC、DB 共线就成了解决这个问题的关键。CD 定长，但在 AC、BD 之间，成了共线的阻碍，我们怎么办？

生：把它移一下位置，将 B 点向上平移河宽 CD 个长度，标为 B' 点。

师：现在就转化为 A、B' 两点间距离最短问题。

生：连接 AB'，与河的一边 a 交点就是所求的点 C，过 C 作垂线，与和另一边 b 的交点就是所求的点 D（图 7-3）。

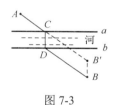

图 7-3

师：可以证明吗？

生：利用平行四边形的性质就能证明。

在课堂教学中，只有获得真实信息反馈的提问才是有效的。我们经常看到一些教师热衷于追求课堂上的热烈气氛，常常问："是不是？""对不对？"殊不知，学生的齐声回答并非其学习效果的真实反映。这样的提问往往是无效的，应尽量避免。上述教学片段中，教师有效地利用提问技能，启发学生独立思考问题的本质，从而顺利解决问题，完成教学目标的学习。

7.3.2 科学性原则

随着中小学数学课堂教学改革的不断深入，数学教师越来越重视课堂上以学生为中心的教学理念。而这种教学理念能否顺利地实施，课堂提问是其关键。因此，教师应在备课时应围绕教学目的做出科学的安排，做到心中有数。

1. 问题设计科学

教师提出的问题应该是信息量适中的合理问题,是经过学生的思考后可以回答的问题。例如,讲完确定圆的条件"不在一条直线上的三点可确定一个圆"后,教师立即提问:"不在同一条直线上的三个点可以确定几个圆?"显然信息量过小,学生无须思考就能回答"一个圆"。如果将此问题改为:"三个点可以确定几个圆?"这就成为一个合理的问题。因为这个问题没有现成的答案,需要学生一定的思考。此外,教师所提问题的指向必须明确具体,不能产生歧义,切记含糊不清,模棱两可。

请看"二次函数"(人教版九年级数学上册)的教学片段。以下面这道题为例,该学段的大多数学生看完此问题后会感到不知所措,因为该问题中的矩形面积为 $y=AB \cdot AD$,而从已知条件中能够看出的却只有 $AB=x$,设计的问题之间缺少过渡的逻辑,导致学生解题的思路陷于僵局。

例题,如图 7-4 所示,在一个直角三角形的内部作一个矩形 $ABCD$,其中 AB 和 AD 分别在两直角边上。设矩形的一边 $AB=x$,矩形的面积为 y,求 y 与 x 之间的函数关系式。

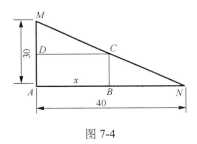

图 7-4

师:设矩形的一边 $AB=x$,同学们,你们能用 x 的代数式表示 AD 边的长度吗?可以怎么表示呢?

生:可以,用面积法。

师:若设矩形的面积为 y,现在你们能表示 y 与 x 之间的函数关系式吗?

生:可以。

师:好,请同学们现在就动手来解这道题。

这里教师从循序渐进的角度设计问题,引导学生作答。从认知的角度上分析,学生会想办法应用相似的知识,构造 y 与 x 之间的函数关系,然后教师再将问题一一连接起来,使学生的认识得到深化。

2. 问题表述科学

教师的提问首先就要将问题表达清楚，尤其是数学问题，有时一字之差就会得到截然不同的结果。如高中阶段，在学习了圆柱和圆锥后，教师通常会问："圆锥和圆柱的体积有怎样的关系？"学生也往往做出"圆锥体积是圆柱体积的三分之一"这样"令人满意"的回答。但是只要稍加注意，教师的提问本身就存在问题，因为并非所有的圆柱和圆锥的体积都存在这样的关系，只有在同高同底的前提下才会有这样的结论。所以，提问应注意细节，教师在提问时也要仔细琢磨，稍有不注意，就会产生非科学性的错误。

7.3.3 层次性原则

模式识别、知识回忆、形成联系类的问题属于低层次的机械记忆问题，其主要特征是问题、答案局限于课本知识的范围内；综合理解、分析应用、总结评价类的问题属于高层次的认知问题，其根本特征是问题、答案必须通过分析、比较、对照、总结、扩展、应用、重组或评价等，改变已知信息的形式或组织结构，经过高级认知思维才可得出答案。

1. 诱发探求新知识提问

从众多优秀教师的教学经验可知，提出问题往往比解决问题更重要。教师应善于编拟及诱发探求性的问题，引导学生观察、钻研，从而由此及彼、由表及里，逐步认识问题的本质。

例如，讲授"三角形"和"五等分圆"时的提问。

讲授三角形时，可先就三角形稳定性的特点向学生发问："电塔架、石油钻井架上为什么有那么多的三角形？"接着可用三角形和四边形的教具演示，四边形不具有稳定性，而三角形加外力是不会变形的。再如，讲授五等分圆时，可问学生："谁能在纸上剪出五角星？"这些提问，使学生在生动愉快的状态下进入知识探索的思维中，把逻辑思维极强的数学内容变得妙趣横生。

2. 低级认知的提问

低级认知的提问主要包括：记忆性问题——要求学生凭记忆作答；了解性问题——要求学生对学习内容有一定了解，并能做初步的分析；简单应用性问题——要求学生把学到的知识和技能直接应用于某一问题。例如，在讲梯形中位线定理时，提问与此新知识密切相关的旧知识。

教师首先提问："三角形中位线定理是什么？"在提出梯形中位线定理之后，还可问："能否用三角形中位线的性质，来证明梯形中位线定理呢？"这样的提问，可使学生围绕三角形中位线的性质积极思考，探索本定理证明的思路，悟出引辅助线证明定理的途径。

3. 高级认知的提问

高级认知的提问主要包括：理解性问题——要求学生对学过的知识进行解释和重新组合，能揭示问题的实质；分析性问题——要求学生对某些事物、事件进行构成要素分析、关系分析或组织原理分析等；综合运用及创造性的问题——要求学生在头脑中将事物的各部分或个别特殊性联系起来，进行综合灵活运用，能独立思考，不墨守成规，提出解决问题的新途径、新方法和新见解；发散式问题——要求学生对提出的问题从多方面思考解决的方法；评价性问题——要求学生建立正确的思想观念或评价原则，能评价他人的观点，判定方法的优劣等；激发争议式问题——要求学生陈述自己的观点，独立思考。

7.3.4 主体性原则

请看"一元一次方程"（人教版七年级数学上册）课后问题的教学片段。七年级学生具有活泼、好动、好奇的特点，在教学过程中，如果有学生提出独特的解法，教师应在教学中注意引导和启发。

师：如何解方程 $2x-2=-4(x-1)$？

生 1：老师，我还没有开始计算，就已看出来了，$x=1$！

师：光看不行，要按要求算出来才算对。

生 2：先两边同时除以 2，再……

（被教师打断）

师：你的想法是对的，但以后要注意，刚学习新知识时，记住一定要按课本的格式和要求来解，这样才能打好基础……（教师表情严肃）

上述教学案例中，教师将学生新颖的回答中途打断，只满足单一的标准答案，一味强调机械套用解题的一般步骤和"通法"。殊不知，这两名学生的回答富有创造性，是不同于通法的奇思妙想。可惜的是，教师的做法不仅让学生偶尔闪现的创造性思维的火花被轻易地否定扼杀，更重要的是忽视了新课程标准要求的以学生为主，以教师为辅的宗旨。

7.4 提问技能的类型

提问技能，有多种不同的分类方法，可按提问的目的划分，也可按问题的认知水平划分。下面介绍提问技能的几种重要类型。

7.4.1 指导学生进行有效练习的提问

这类提问经常是在布置课堂练习或作业讲评时用到，目的是使学生自觉并正确地运用所学知识解决实际问题。这类提问的表现形式是提示、诱导和指导，创设发现情景，有意地减小问题坡度和难度，以利于使学生跨上由知识掌握到应用的新台阶，不断提高分析问题、解决问题的能力。

案例——"等边三角形"（人教版八年级数学上册）：等边三角形是继等腰三角形之后的一项重点知识内容，在实际生活中总能找到等边三角形的影子，它不仅使我们的生活变得丰富多彩，让我们在生活中体验到特殊的对称美，而且为我们的数学研究提供了重要的素材。本节课的内容不仅是等腰三角形的延续，而且为今后证明角相等、线段相等提供了重要依据。请参阅如下片段。

师：同学们，前面我们已经学习了等边三角形的一些性质内容和解题方法，下面我们就来看一道以等边三角形为条件的题目。如图 7-5 所示，已知△ABC 和△DCE 是等边三角形，B、C、E 在同一条直线上，且 BC≠CE，求证：AE=BD。同学们仔细看这道题，然后思考，我们要如何证明 AE=BD 呢？（直问）

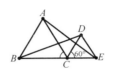

图 7-5

生：△ABC 和△DCE 是等边三角形，AB=BC=AC, DC=DE=CE, ∠ABC=……（零零碎碎开始说答案）

师：对了。但是我们这里求出来的边都不含有 AE 和 BD，所以我们还需要往下证明，那是不是这些边和角都没有用呢？（提示式提问）

生：不是。

师：同学们想一下，根据得出的这些边和角，能够得到怎样的结论呢？（诱导式提问）

生：BC=AC，DC=CE，……

师：对了，有 BC=AC，DC=CE，还有两个 60°的角。而∠ACD 刚好是我们看到的两个大角∠BCD 和∠ACE 的公共角，那这样能得出三角形的什么关系呢？（诱导式提问）

生：BC=AC，DC=CE，∠BCD=∠ACE。

师：对了，两对边相等，夹角也相等，那这两个三角形？（诱导式提问）

生：全等。

师：是的，这两个三角形全等。所以 AE=BD。现在我们整理一下刚才的解题思路，题目里是说 B、C、E 是在同一条直线上的，那么同学们思考一下，假如 B、C、E 不在同一条直线上呢？AE 还会不会等于 BD 呢？（甚至△DCE 绕点 C 旋转一周，在旋转过程中，AE=BD 是否恒成立？）（图 7-6 和图 7-7）（诱导式提问）

图 7-6　　　　　　　　　　图 7-7

生：会。

师：来，小红同学，你是如何证明 AE=BD 的呢？（直问）

小红：首先△ABC 是一个等边三角形。所以 BC=AC，DC=CE，∠BCA=∠DCE=60°。然后∠ACD 又是∠BCD 和∠ACE 的一个公共角。所以∠BCD=∠ACE，那么三角形就能够全等，运用的是两边夹一角定理。

……

八年级学生的基础知识较丰富，但理解记忆还没有成为学生记忆的主要方法，不善于理解记忆对象的内部本质，不易将记忆对象与已有知识建立联系。因此，在教学过程中，教师选择指导学生进行有效练习的提问技能来引导和帮助学生对问题进行思考，通过对学生进行有效提问，并加以补充、启发完善结论和证明过程。最后引入变式，化静为动，引导学生学会解类似的变式题目时要找准关键信息。有效地指导学生进行针对性练习，既激发了学生的兴趣和信心，同时又培养了学生的推理论证能力。

7.4.2　组织学生注意定向、集中和转移的提问

这类提问适用于新课或新教材教学的开始，或演示实验等，不一定要求学生回答。目的在于激发学生学习知识的兴趣，调动学生学习积极性，使学生时时想着教学内容，注意力集中在每一个教学要点上，使学生的听与教师的讲协调一致。

案例——"全等三角形"（人教版八年级数学上册）：全等三角形作为一个全新的知识点出现，该学段的学生对此理解有一定困难。在教学过程中，教师可利用组织学生注意力定向、集中和转移的提问方式，使学生时时想着教学内容，注意力集中在教学要点上。请参阅如下片段。

师：同学们，汽车在公路上行驶是一个动态过程，老师模仿这一过程设计了一个小动画（停顿，播放 PPT）。若我们任取汽车在行驶过程中两个不同位置的图片，它们的形状、大小有什么关系呢？（定向式提问）

生：形状、大小相同。

师：对，它们形状、大小是相同的。若把它们叠在一起会怎样呢？（定向式提问）

生：重合在一起。

师：是的，因为它们本来就是同一辆汽车得出的图片，所以它们是能够完全重合在一起的。

（教师通过PPT让学生观看回旋镖在空中运动的连拍照片。）

师：同学们，仔细观察这两张照片，发现它们有什么不同吗？（集中式提问）

生：照片里物体的位置变了。

师：对，照片里这个回旋镖的位置变了。取下这两张照片，看成平面图形。这两个图形会不会重合在一起呢？（转移式提问）

生：会。

师：是怎么判断的？（直问）

生：它们形状、大小是相同的，所以能够完全重合。

……

师：请同学们思考一个问题。能够完全重合的图形是全等图形，那能够完全重合的三角形应该叫什么呢？（集中式提问）

生：全等三角形。

……

在教学过程中，教师以两张全等的汽车图片及飞行中的回旋镖连拍照片切入，生动形象地引入全等图形的概念，再通过激趣性、启发性等提问，使学生的注意力由图形转移到三角形中，进而理解全等三角形这个定义。

7.4.3 启发学生掌握知识关键和本质的提问

这类提问通常在推导公式和法则之前运用，目的是使学生发现事物的本质，从而掌握解决问题的关键，为学生能够深刻理解进而推导法则、定理和公式服务。通过教师的启迪，学生能够抓住求证的关键，找到解证的方法，同时也能够明确"转化"这一数学思想方法，奠定进一步学习的基础。

案例——"点和圆的位置关系"（人教版九年级数学上册）：本节课是在学习了圆的相关基本概念的基础上，进一步延伸的学习内容。整节课都以直观展示点与圆的位置关系为基点。这种推理学习的思路，为接下来的直线与圆及圆与圆的位置关系的学习做好了铺垫。请参阅如下片段。

师：同学们，以前我们就学过了过两个点可以唯一确定一条直线，那你们猜猜，过几个点可以唯一确定一个圆呢？

生：三个。

师：我听到有同学说三个。那到底是不是呢？接下来我们一起来探讨。根据我们以前的探索规律，一般是从几个点探究呢？（启发学生掌握知识关键的提问）

生：一个。

师：过一个点，你们能作几个圆呢？（直问）

生：无数个。

师：那我们之前学过，该如何确定一个圆呢？（启发学生掌握知识本质的提问）

生：圆心和半径。

师：嗯。由于过一个点作圆的时候，它的圆心就有无数个，因此作出来的圆也有无数个。这样继续往下看：过两个点，你们能作几个圆呢？（追问）同学们来说说你们讨论出来的结果是什么？

生：无数个。

师：同学们观察一下，它的圆心有什么共同特点呢？（启发学生掌握知识本质的提问）

生：圆心都在同一条直线上。

师：对了，都在一条直线上（图7-8）。那这条直线与这两点有什么样的关系呢？是不是它的垂直平分线呢？（启发学生掌握知识本质的提问）

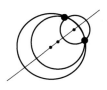

图 7-8

生：是。

师：那我们再继续往下看：过三个点，我们可以作几个圆呢？首先，我们要想，三个点在平面上的排列有几种？

生：两种，同一直线上或不在同一条直线上。

师：所以我们先来看第一种情况，过同一条直线上的三个点，可以作几个圆呢？

生：没有。

师：对了，我们是画不出来的，也就是0个。那过不在同一直线上的三点，又可以作几个圆呢？请同学们先画一下。

生：一个。

师：那老师先问下，刚才你们是如何画圆的呢？

生：随手一画的。

师：我听到有同学说是随手一画的，可是这样画并不严谨。现在就让我们一起来画一个圆。过A、B、C三点作一个圆，首先要找出它的圆心。乍一看，过三个点找圆心，似乎很复杂，那该怎么办呢？我们是否可以先来看过两个点的情况？同学们，过A、B两点作圆时，它的圆心是在哪？（启发学生掌握知识关键的提问）

生：中垂线。

师：对了，这就是我们刚才所说的，在A、B两点的垂直平分线上。那过A、C两点呢？它的圆心的位置又是在哪呢？（启发学生掌握知识本质的提问）

生：AC的中垂线上。

师：那同学们能不能找出过A、B、C三点作圆时，它的圆心所在的位置呢？（启发学生掌握知识本质的提问）

生：中垂线的交点。

师：假使我们设圆心为O。这就是圆心，那半径有哪些？（直问）

生：OA、OB或OC。

师：嗯，就是OA、OB或OC。这样，我们就可以严谨地画出一个圆（图7-9）。由于它的中垂线的交点只有一个，所以圆心只有一个，半径也是确定的。因此，画出来的圆也就只有一个。

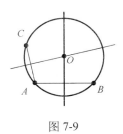

图7-9

师：同学们，通过上面的讨论，我们就可以得出这样的一个结论：不在同一条直线上的三个点确定一个圆。

……

九年级学生对新知识本质的探索既好奇又畏惧，要想让学生了解其本质，必须要有一个引导者来引导，又鉴于学生抽象逻辑思维能力较强，因此，上述案例中教师采用了启发学生掌握知识关键和本质的提问技能。在教学过程中，教师围绕主题提出了三个递进式的问题，让学生分别讨论过一点、两点、三点作圆的情况。对学生来说，过三个点作圆有一定难度，因此，教师又通过提问，引导学生利用中垂线的知识来找圆心，进而得出结论。在此过程中，不仅使学生学到新的知识，更重要的是培养了学生的逻辑思维能力，加强了学生的自主探索意识，从而使学生对新知识本质的探索不再畏惧。

7.4.4 引导学生进行推理、归纳、概括的提问

这类提问用于例题讲授、课堂练习、探求新的解题方法、纠偏查错等教学环节，使学生从局部的片面认识发展到完整的全面认识，由机械套用到深刻理解并熟练掌握。教师提出的问题给学生树立一些"路标"，启发学生循着"路标"前进，找到解题途径。

案例——"有理数的乘方"（人教版七年级数学上册）：该学段的学生刚进入初中不久，在学习上还保持着一份积极的心态，具有好奇、好动的心理特征，此时是帮助学生建立数学思想的良好时机。本节课是在学生已经学习了有理数的加、减、乘、除运算的基础上进行的，主要是对例题进行讲解，因此，教师采用的是引导学生进行推理、归纳、概括的启发性提问技能来进行教学，请参阅如下片段。

师：同学们，先看一下这道例题。（板书）

例题，观察下列三行数					
-2,	4,	-8,	16,	-32,	64, $\cdots$
0,	6,	-6,	8,	-30,	66, $\cdots$
-1,	2,	-4,	8,	-16,	32, $\cdots$
				取每行第十个数，并计算这三个数的和。	

师：好，同学们，这道例题求的是每行第十个数的和。首先，我们应该怎么做？（引导学生推理的提问）

生：先找出每行的第十个数。

师：那我们要如何找出每行的第十个数呢？

生：找规律，猜。

师：很好。因为我们只知道每行的前六个数，后面的数是不知道的。想求第十个数，只能从前面六个数中猜出它的规律，进而推出第十个数。我们先来看第一行的。第一行的数是什么？

生：-2，4，-8，16，-32，64。

师：我们要怎样找出这六个数的规律呢？可以写成什么乘方形式呢？（引导学生推理的提问）

生：$(-2)^1$，2^2，$(-2)^3$，2^4，$(-2)^5$，2^6。

师：这六个数都可以写成乘方的形式。但我们要找出其中的共同形式。来看这六个数，它们的指数是不可能相同的，那它们的底数有没可能变成相同的呢？（引导学生推理的提问）

生：有。

师：怎么变？

生：把2变成-2，因为负数偶次幂也是正数。

师：对，因为负数偶次幂也是正数。只要它的绝对值不变，无论它是正是负，它的值都是不变的。因此，这里就可以把2^2，2^4，2^6这三个数的底数分别改为-2。那再看这六个数，你们能不能说出它的规律？（引导学生归纳的提问）

生：$(-2)^n$。

师：这就是第一行的规律。接下来我们来看一下第二行的数是什么？

生：0，6，-6，18，-30，66。

师：同学们能不能仿照刚才的方法，把它们都写成乘方的形式呢？（引导学生归纳的提问）

生：不能。

师：因为它们是无法直接写成乘方的形式的。其实，题中的条件都是相互联系的。在这里我们已经求出了第一行的规律，那可否根据第一行的规律来求第二行的呢？（引导学生推理的提问）

生：第二行的数比第一行的数多2。

师：对，那我们现在把第一行的规律代进第二行，那第二行的数又该如何来表示呢？（引导学生归纳的提问）

生：$(-2)^n + 2$。［在同样的提问方式下，教师引导学生观察第三行的规律，并指出第三行的第n个数可以表示$(-2)^n \times 0.5$。］

师：同学们，这三行的规律都求出来了，那每行的第十个数的和，你们会不会求？（引导学生概括的提问）

生：$(-2)^{10} \times 3 + 2 - (-2)^{10} \times 0.5 = 2562$。

师：这样我们就把这道题解决了。回顾一下刚才的解题过程，首先是对每行的数进行分析，然后把它们的数都写成了相同的形式，最后推出了它们的规律。这种解题思路，在数学中被称为归纳思想。

在教学过程中，教师先让学生理清解题思路，接着通过提问，引导学生对每行的数进行分析、猜想，进而归纳得出了结论，并求出了结果。这样的方式，不仅让学生体验到成功解决问题的喜悦，增进学生学好数学的自信心。同时，也培养了学生的观察、分析、归纳、概括的能力及一定的数学归纳思想，为今后的学习打下良好的基础。

7.5 提问技能的实施策略

美国心理学家布鲁纳曾说:"向学生提出挑战性的问题,可以引导学生发展智慧。"当然,课堂提问技能不能仅仅是纸上谈兵,要想把学到的理论知识应用到实际中,转化为一种实用技能,还需要注意课堂提问技能的实施策略。

7.5.1 提问要精准,明确数学课堂提问的针对性和导向性

"精""准"是指课堂提问要有明确的出发点和针对性,问题精要恰当、准确无误、精益求精。教师要明确提问的目的,提出的每一个问题不仅本身要经得起推敲,同时还要强调组合的最有效,将每一个问题组成一个有机严密的整体。在具体教学过程中,由于目的要求不同,教师可以提出不同类型的问题,如引导学生再现已有的知识,帮助学生进行知识迁移的回忆性问题;引导学生用自己的话叙述已学过的知识,比较、说明等理解性问题;引导学生运用学过的知识、技能解决简单的应用性问题。

7.5.2 把握数学课堂提问的难度

从心理学的角度看,人的认知水平可划分为三个层次:已知区、最近发展区和未知区。而人的认知水平,特别是中学生的认识水平,就是在这三个层次之间不断转化,螺旋式上升。课堂提问不宜停留在已知区与未知区,即不能太容易也不能太难,太容易不能促进学生的思维活动,将导致思考力水平的下降;而太难则会超越学生智力的范围太远,使其丧失信心,无法保持持久不息的探索心理。提倡从发展学生的思维出发,根据学生的学习认知水平和数学学科的特点,通过深题浅问、浅题深问、直题曲问、曲题直问、逆向提问、一题多问等不同方式,开展多角度思维。

7.5.3 瞄准数学课堂提问的时机

1) 在介绍新概念时的提问

这是教学过程的主要环节,教学时从以下角度对学生进行提问:①概念中的关键词有哪些?②概念中有哪些规定和限制条件?它们和以前的什么知识有联系?③如果改变或者互换概念中的条件和结论,会产生什么样的结果?提问力求循循善诱、层层深入,引导学生抓住概念的本质特征。

例如,在"数轴"(人教版七年级数学上册)的教学中,学生刚接触了有理数——正数及有理数——负数,但是对于如何表示和区分正负数则需要利用数轴。课堂上教师通过在新课引入提问,提问学生旧知识的概念,从而引出新知识的概念,让学生不会有太大的陌生感。

师：有理数包括哪些数？0是正数还是负数？

生：有理数包括整数和分数，0既不是正数也不是负数。

师：温度计的用途是什么？类似于这种用带有刻度的物体表示数的还有哪些？

生：表示外界的温度，还有直尺、弹簧秤……

数轴的导入是应用旧知识导入法，直接提问已学的概念。教师在导入时应注意抓住新旧知识的某些联系，在提问旧知识时引导学生思考、联想、分析，使学生感受到新知识就是旧知识的引申和拓展，消除对新知识的恐惧和陌生心理，从而温故而知新。

2）在分析比较时的提问

数学知识的内部存在千丝万缕的联系，也有许多知识存在形似神不似的差异，学习了一个新的知识点，就应当让学生把新旧知识做一个系统的归纳。在学生掌握了一元一次方程和一元二次方程的定义后，有必要对这两个方程做一些比较，故可以提出以下问题：①说出两种方程的共同和不同之处？②它们的解又有何不同？这一环节在一定的情况下，需要教师做出适当的提示，设计问题的时候，要让学生各抒己见，强调学生的参与能力，培养学生的归纳分析、比较鉴别能力。

3）在知识应用时的提问

在数学教学课堂上，教师若只给出书面的练习，而没给予启发式的提问或引导，直接让学生应用刚学的知识解决问题，恐怕大多数学生会因为不理解而一头雾水。在知识应用时教师给予恰到好处的提问，不仅能让学生恍然大悟、印象深刻，同时也有利于课堂教学顺利地进行。

例如，在"一元二次方程"（人教版九年级数学上册）的教学中，学生在此之前已经了解了一元二次方程的概念及解、一元二次方程的一般形式，下面通过练习让学生进行概念辨析，从而更好地从本质及不同角度掌握一元二次方程及其特点。

问题1：同学们，我们已经学习了一元二次方程的概念，现在来请你们判断下列方程是否是一元二次方程？

$$10x^2=9;\ 2(x-1)=3x;\ 2x^2-3x=1。$$

问题2：现在请你们再来判断未知数的值 $x=-1$，$x=2$ 是不是方程 $x^2-2=x$ 的根？

问题3：请把下列方程化成一元二次方程的一般形式，并写出它的二次项系数、一次项系数、常数项。

$$9x^2=5-4x;\ 3y^2-1=3y;\ 4x^2=5;\ (2-x)(3x+4)=3。$$

（讲解时要讲清方程变形时，哪些属于代数式变形，运用了什么法则；哪些属于等式变形，依据什么性质。）

一元二次方程的概念比较抽象，学生较难理解，因此教师通过从不同角度提问学生，给予学生适当的练习，让学生在提问中，理清概念的要素和判定定理，从而有效地达到教学目标。

4）及时追问

所谓追问，就是追根求源地问，即教师要遵循学生回答的思路采取递进式提问，从而获取解题的关键所在，或使学生对问题得到进一步的思考。追问的最大优点在于激发学生的潜能，激活学生的思维。数学课堂教学中，学生的回答经常是浅显的或是不得要领的，所以教师要适时地启发学生，使其朝着问题的正解进行思考并得以深入拓展，而追问就是一种极有效的方法。

例如，在"三角形的特性"（人教版四年级数学下册）的教学中，学生在初步了解三角形定义的基础上，进一步深化理解三角形的组成特性，即"三角形任意两边之和大于第三边"。

师：等腰三角形的两边分别是 9cm 和 5cm，求该等腰三角形的周长？同学们能不能根据题意画一个草图予以解答？使边的长度尽可能与题意中数值相同。（大部分同学可以得到周长为 23cm，因为学生习惯画出的是锐角三角形）

追问 1：只能这样画吗？可能有较多同学又得到周长为 19cm。

追问 2：如果本题中的 5cm 换成 4cm，这时的周长是多少？

（有的同学会得到 22cm 或 17cm，但也会有同学得到只有 22cm 的结果）

追问 3：为什么这里只有一种结果呢？

生：以 4cm 为腰不能构成三角形。

追问 4：考虑本题时有两种可能，但它的限制条件是什么呢？

生：构成三角形时必须满足条件"任意两边之和大于第三边"。

追问 5：还有没有类似这种有时有两个结果有时只有一个结果的题目呢？

（让学生展开讨论，部分同学可能会想起同样在等腰三角形中的另一个问题"等腰三角形中有一个角为 80°，求另外两个角的度数"）

在这个教学片段中，教师通过不断地追问，不仅使学生深刻地理解三角形性质的本质，且让学生养成演绎、归纳等数学思维品质。

7.5.4 把握三"适"，重点突出

把握问题安排的时机很有技巧性，一般要把握三"适"原则。

第一要适度，应根据学生现有知识水平，提出符合学生智力水平、难易适度的问题。

第二要适时，提问的时机要得当。孔子曾说："不愤不启，不悱不发。"可见，只有当学生具备了"愤""悱"的状态，即到了"心求通而未得""口欲言而未能"之时，才是对学生进行"开其心"和"达其辞"的最佳时机。

第三要适量,精简提问数量,直入重点。一堂课不能问个不停,应当重视提问的密度、节奏及与其他教学方式的结合,要紧密围绕实现教学目标,突出教学的重点。

7.5.5 设置从学生实际出发的问题情境

《全日制数学课程标准(实验稿)》指出,数学教学应从学生实际出发,创设有助于学生自主学习的问题情境,引导学生通过实践、思考、探索、交流,获得知识,形成技能,发展思维,学会学习,促使学生在教师的指导下生动活泼地、主动地、富有个性地学习。提问技能的运用首先要突出学生的主体地位,教师的一切活动是为学生服务的,提问就是为了创设一种问题情境,有利于引导学生积极思考,发展学生的个性特点和创造性。教师提问的机会要平均分配给每一位学生,让全班学生共同思考,这样才能使全班整体的学习效果得到提高。

例如,在"三角形的特性"(人教版四年级数学下册)的教学中,该教学片段是在学生已经通过动手画图、度量及教师几何画板验证得出三角形三边关系后教师发起的"解题接力赛"活动。

每组下发一张印好下列题目的纸。

判断下面 3 条线段能不能构成三角形(单位:cm)

①2, 5, 3; ②3, 5, 7; ③17, 20, 39; ④11, 8, 18; ⑤10, 15, 23; ⑥15, 20, 25; ⑦305, 206, 500。

师:每组从第一位同学开始,每人选做一道题,不可多做,也不可不做,但可选择做第几题,做完后立刻上交给老师,比比看哪组做得又快又正确。

(学生上交答题纸,教师带领学生共同探讨题目答案)

师:在验证三条线段能否构成三角形时,你们是怎么检验的?做得特别快的同学有什么好的方法吗?

生:计算三个数据中最小两个数据之和,和比最大的数据大就能构成三角形。

在上述案例中,教师的教学不仅以学生为主、以教师为辅,而且面向全班学生,分组探讨。对数学基础差的学生,教师提出问题的难度和信息量较小,而清晰度较高;对数学基础好的学生,提出了一些难度和信息量较大的问题,教师提出的问题的层次性明显。

7.5.6 设置符合学生认知规律的问题情境

启发式教学是教师根据教学规律和学生的心理特点,通过呈现诱导材料或创设诱导环境,适时而又巧妙地给学生以引导、鼓舞和启迪,使学生通过自己的积极思维,创造性地进行学习。

例如,在"菱形"(人教版八年级数学下册)的教学中,学生在小学时对正多边形已经有了一定的认识,但是对正多边形满足的前提条件掌握不够透彻。

师:你们知道什么是正多边形吗?

生:各边都相等的多边形叫正多边形。

师:那我们学过的菱形是正多边形吗?

生:不是,哦,还要各角都相等。

上述教学案例的引入部分教师采取直接抛出问题的形式,当学生只关注到边需满足的条件时,若教师提问"只有边相等就可以吗",这个问题就显得太过直接了,缺少思维量的同时,启发得也太过深入。而教师举了之前学过的菱形的例子,由学生对比发现欠缺的是角的条件,就更加有启发的效果了。

7.5.7 设置具有层次性的问题情境

问题的设计要按照课程的逻辑顺序,循序渐进,由浅入深;要考虑学生的认知顺序,循序而问,步步深入,使学生积极思考,逐步得出正确结论。如果前后颠倒、信口提问,只会扰乱学生的思维顺序。

例如,在"坐标平面内的图形变换"(人教版八年级数学上册)复习例题的教学中,学生已经熟悉了坐标平面图形变换的内容,对整点等概念也掌握清楚,针对学生的复习课,教师以提问的方式,精心设计从简单到复杂的问题,循循善诱。

已知点 $M(3a-9, 1-a)$,请根据下列条件分别求出 a 的值。

问题 1:点 M 与点 $N(b, 2)$ 关于 x 轴对称,求 a 的值。

问题 2:点 M 向右平移 3 个单位后落在 y 轴上,求 a 的值。

问题 3:若点 M 在第三象限的角平分线上时,求 a 的值。

问题 4:若点 M 是第三象限的整点时,求 a 的值。

在教学设计时,教师安排了四个提问,从简到难,逐步应用本章的有关知识点以达到复习的目的。教师从问题的提问中,让学生深入复习和梳理知识点,一举两得。在这节课中,教师的提问设计得非常成功,使学生兴趣高涨。

7.5.8 提问要灵活处理,留空思考

课堂教学是师生双方交互式的动态过程,在互动过程中会出现一些事先未曾预料的情况,这就要求教师在实际的教学过程中根据需要抓住时机,灵活设计一些提问,调整和优化教学活动。提问要特别注意把握好时机,提问的最佳时机是在学生已开动脑筋,质疑但未能释疑之时。若学生对某个问题已经明白,再去提问就没有意义了。

若在提问时没有学生回答或者只有一两个学生回答时，教师首先要沉住气，可以把问题换个角度再复述一遍，并给予恰当的提示，给学生一些思考的时间。若发现个别学生有了想法，应鼓励其大胆说出来；还可以考虑降低问题的难度，激励学生积极开动脑筋。提问时应灵活一些，不必拘泥于事先设计的教案。

学生对教师提出的问题，会有一个思考的过程，故教师提出问题后要有适当的停顿。停顿的长短，一般可根据问题的难易和学生的反应情况而定。学生答完问题后再停顿数秒时间，往往可引出答题者本人或其他学生更完整、更确切的补充。几秒钟的等待可以体现学生的主体地位，不可忽视。

7.5.9 提问后的有效性评价

课堂上，对回答正确或有创造性的学生，教师应该充分肯定，可继续追问学生是否还有更好的方法；对回答不完全正确的学生，应肯定其正确的部分，并提供线索继续追问，使其回答更加完善；对回答错误的学生，应找到其错误的思路，暂时延缓评价，转问其他学生后，再评价各自优点及错误之处。最后，教师和学生共同对问题进行再组织。学生的思维活跃，有时会提出古怪的问题或给出错误的答案，教师切勿批评学生，而应对其加以引导，并对问题做出正确的解答。

第8章　传道、授业、解惑

——论讲解技能的运用与提升

请看"无理数"（人教版七年级数学下册）的教学片段。

师：同学们，我们之前学习的数有哪些呢？

生：自然数、整数、分数、有理数……

师：这些都是我们学习过的知识，同学们回忆一下，什么叫作有理数？

生：有限小数或者无限循环小数。

师：现在老师写两个数：π，1.01001000100001…这两个数又是什么数呢？

生：……

师：观察一下，首先它们是小数，那它们是有限小数吗？

生：不是。

师：那就是无限小数了，是无限循环小数吗？

生：不是。

师：那把它综合起来就是……

生：是无限不循环小数。

师：是的，在数学上，我们把这种无限不循环小数称为无理数。

通常情况下，"无理数"概念的讲解一般会比较枯燥乏味（如上述案例），其教学过程就是简单的一问一答，教师单调地引导学生知道"还存在一种数叫无理数"。对于八年级学生来说，他们的思维比较跳跃，"强迫式"接受知识的效果不好，尤其是对于基础一般的学生来说，很难跟上教师的节奏。接下来，请看以下教学片段。

师（教师以一枚骰子作为教具）：同学们，这是什么？

生：骰子。

师：那它有什么用处？

生：玩飞行棋的时候要用到它……

师：是的，骰子我们经常会用到，那谁能猜到这节课老师带它来做什么呢？

生：……（此时，面对学生的沉默，教师没有立即给予回答。教师请两位同学上台，让一位同学在讲台上掷骰子，另一位同学在小数点的后面记录骰子掷出的点数。所有的同学都聚精会神地看着。随着骰子的一次次投掷，点数一点点记录,黑板上出现了一个不断延伸的小数:0.3154265123…)

师:好!暂停!同学们,如果骰子不断掷下去,那么我们黑板上得到的是一个什么样的小数呢?它有多少位呢?

生:能够得到一个有无限位数的小数。

师:是无限循环小数吗?

生:不是。

师:为什么?

生:点数是掷出来的,没有规律。

师:没错,这样得到的小数是一个无限不循环小数。这种无限不循环的小数,与我们已经学过的有限小数和无限循环小数不同,是一类新的数,我们称它为"无理数"。

在上述修正案例中,教师首先演示事先准备的教具,然后让学生上台自己动手操作,整个教学过程活跃且有趣味性,容易吸引学生的注意力。由此可见,改变讲解的方式,会产生不一样的教学效果。

8.1 讲解技能的概念

讲解技能是教师运用语言向学生传授知识和方法,促进学生智力发展,表达思想感情的一类教学技能。

讲解的实质是建立新知识与学生原有知识经验之间的联系。新知识的获得,主要依赖原认知结构中适当的观念,并通过新旧知识的相互作用,说明新旧知识的关系,填补原有经验与新知识之间的沟缝,以及剖析新知识本身各要素之间的关系。讲解有两个特点。一是,在主客体信息、传输(知识传授)中,语言是主要的媒体。因此,培养组织内部言语的能力(想好"为什么说","对谁说",以及说明的意向与要点)、快速语言编码的能力(注意储备口语词汇,懂得语法规范)、运用语言表情达意的能力(善于运用语言、语调、语速、语量的变化表情达意,令人爱听、使之动听),是讲解得好的前提。二是,信息传输由主体传向客体,具有单向性,学生常处于被动地位。讲解的特点如图8-1所示。

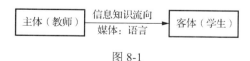

图 8-1

讲解技能在教学中的广泛运用源远流长,从两千多年前孔子的"私学"和柏拉图的"学园",延续至今。它之所以一直受偏爱,是由于它能在较短的时间内,较简单、快捷地传授大量的知识；可以方便、及时地向学生提出问题，指出解决问题的途径；教材中微观、抽象的内容，可以通过教师的讲解使学生领会；讲解为教师传授知识提供了充分的主动权和控制权。总之，教师准确、流畅、清晰、生动的描述，循循善诱、层层推理、点点入滴的讲解，可使学生晓之以理、动之以情、导之以行。

8.2 讲解技能的功能

8.2.1 传授知识，使学生了解、理解、记忆和掌握所学的知识

请看"反比例函数的图像与性质"（人教版九年级数学下册）的教学片段。

师：同学们，我们回顾一下什么是正比例函数，并且画出它的图像。（学生活动）上节课，我们又学习了反比例函数，同学们知道反比例函数的图像是怎样的吗？

生：（摇头）……

师：如果老师写一个反比例函数 $y=\dfrac{1}{x}$，同学们知道画出它的图像的步骤吗？

生：列表、描点、连线。

师：既然都已经有目标了，就按照你们所想的做吧。（学生画出图像，教师示范正确的画图方法）

师：好的，看到我们所画的图像，观察一下该怎样对它的性质进行讨论？提示一下，可以把定义区间分为 $\begin{cases} 0<x<1, \\ x\geq 1, \\ -1<x<0, \\ x\leq -1, \end{cases}$ 四个部分进行讨论。（在学生得到大致框架后，可以给学生一点时间稍加消化）……

在上述教学片段中，教师引导学生从正比例函数图像延伸到反比例函数图像，再从图像理解反比例函数的性质，整个过程教师起到了宏观调控的作用，学生通过自己画图，总结性质，进而更好地理解反比例函数图像的特点。

8.2.2 培养数学思维，渗透创新意识

请看"实际问题与一元二次方程"（人教版九年级数学上册）的教学片段。

师：我们来看一道探究题。有一个人患了流感，经过两轮传染后共有 121 人患了流感，每轮传染中平均一个人传染了几个人？（学生读题，思考）既然我们已经学习了一元二次方程，那就尝试着用列方程的形式解这道题。首先要设未知

数。从问题出发，我们可以先设每轮传染中平均一个人传染了 x 个人（板书）；接着有 1 个人患流感，他传染了 x 人，用代数式表示，第一轮有多少人患流感？

生：$1+x$。（教师板书）

师：第二轮中，这些人每个人又传染了 x 人，用代数式表示，第二轮后，共有多少人患流感呢？

生：$1+x+x(1+x)$。（教师板书）

师：我们就用带 x 的形式得到了两轮过后患流感的总人数。从题目中我们可以知道经过两轮传染后共有 121 人患流感，那是不是能找到一个可以作为列方程的重要相等关系呢？

生：是。

师：请同学们按照老师刚刚分析的思路，尝试着把这道题的解题步骤写出来。（停顿）我看到有同学很快地解出结果了，请这位同学把你的解题过程告诉大家。

生 1：解：每轮传染中平均一个人传染了 x 个人，

由题意，得：$1+x+x(1+x)=121$

整理，得：$(1+x)^2=121$

解得：$x_1=10 \quad x_2=-12$

师：这样结束了吗？

生：还要检验，因为 x 是人数，所以最后的解不能为负数，所以 $x_2=-12$ 要舍去。因此，每轮传染中平均一个人传染了 10 个人。

师：好，同学们，做完这道题，我们回忆一下这道题的解题过程，能不能总结出做这道题的解题思路呢？

……

方程类应用题，因阅读量大，学生有时候会难以提取主要信息，久而久之，就会对这一类题目的解答越来越没信心。通过对一元二次方程应用题的讲解主要传达给学生对于这一类题目可以怎样解，通过分析概括，让学生形成解题的思路，有助于发展学生的思维，同时，对发展智力和培养创新意识也具有基础性的作用。

8.2.3 疑处解疑地引发学习兴趣

请看"有序数对"（人教版七年级数学下册）的教学片段。

[教学活动一] 问同学们来到教室后是怎样找到自己的位置的？（引导学生用数学语言表示自己的位置，如第几行，第几列）接着教师提问：怎样才能确定一位同学的具体位置？然后组织学生玩游戏——找座位。

[教学活动二] 去电影院时，你怎样找到你的座位呢？（归纳共同点，即用两

个数表示位置）接着得出数对的特点：由两个数组成的，表示某一具体位置。然后问学生：(13, 26)和(26, 13)有什么不一样的呢？（引导学生发现，数对(a, b)和(b, a)，即使数字相同，如果顺序不同，表示的含义也不同，因为它们确定的位置不同）得到结论：数对是有顺序的。（引入课题——有序数对）

平面直角坐标系是初中数学教学的重点，有序数对是平面直角坐标系的基础。如果只是很平淡地告诉学生"由两个数组成的，表示某一具体位置的称为数对"的话，学生只能知其然而不知其所以然。上述案例先讲生活中的位置，如教室的座位、电影院的位置，接着让同学们做游戏——找座位，再引入有序数对，在这个过程中，学生从直观认识到总结共同点，知道描述某一确切位置需要两个条件，在游戏中得到本节课需要掌握的知识，大大提高了学生的学习兴趣。

8.3 讲解技能的应用原则

教师是课堂的导演，但不是主角。在日常教学讲解过程中，有时教师会把自己放在主角的位子上，将学生变成配角，不注重启发学生的思维，课堂也因此变得枯燥与乏味。这样的教学不利于发挥学生的主观能动性，会使教学僵化。因此，在实际课堂教学的设计中，讲解技能的运用需要遵循一些原则。

8.3.1 目的性原则

请看"解一元一次方程"（人教版七年级数学上册）的教学片段。

[教学活动一] 教师首先提出两个问题：①什么是方程的解？$x = 4$是方程$7x = 6x - 4$的解吗？②方程$x = 5$的解是什么？方程$3x = 2$的解又是什么？（引导学生讨论，并得到结果）教师再明确指出：像$x = 5$这样的方程，很显然，它有唯一解——5。对于$3x = 2$这样的方程可以得到$x = \dfrac{2}{3}$，因此，形如$x = a$(a为常数)，这样形式的方程称为方程的解。

[教学活动二] 教师接着让学生用观察法指出方程$7x + 2 = 4x - 3$的解。很明显这道题用观察法能得到最终结果，（教师分析）但我们的最终目标是$x = a$，对比它们的差异，将原方程中含有x的项移到方程的左边，把常数项移到方程的右边，再合并同类项得最简方程，然后在将系数化为1即可。（要求学生自行解答）再由教师总结，对于不含有分母和括号的一元一次方程，只要对原方程采取移项、合并同类项、系数化为1等步骤就可以求得原方程的解。

在上述教学片段中，教师的目的是引导学生学会解一元一次方程。围绕这一重点，教师通过几道方程的循循善诱，让学生学会解一元一次方程并且总结出步骤。通过讲解可以让学生知道学习的内容，再遇到此类题知道如何作答，进而提高学习效果。

8.3.2 准确性与科学性相统一

请看（准确性）"不等式的性质"（人教版七年级数学下册）的教学片段。

师：不等式的性质有三个：一，不等式两边同时加上（或减去）同一个数，不等号方向不变；二，不等式两边同时乘以（或除以）同一个正数，不等号方向不变；三，不等式两边同时乘以（或除以）同一个负数，不等号方向改变。教师在讲解时，对于哪些改变、哪些不改变一定要强调清楚。

再看（科学性）"解一元二次方程"（人教版九年级数学上册）的教学片段。

师：对于方程 $mx^2+4mx+1=0$，若其有实根，求 m 的值。此题如果直接运用判别式，由 $\Delta=16m^2-4m\geq 0$，得 $m\geq\frac{1}{4}$，或 $m\leq 0$。这样的推理过程显然违反了科学性，因为只有当 $m\neq 0$ 的情况下，才可以考虑 Δ 的情况，而当 $m=0$ 时，Δ 就不存在了。于是必须去掉 $m=0$ 这一情况。正确结论应该是 $m\geq\frac{1}{4}$ 或 $m<0$。

在数学教学过程，数学语言的准确性体现得尤为重要。上述准确性案例中不等式的讲解，会使许多同学容易在定义上出错，所以教师一定要多加强调。上述科学性案例中，教师的推理过程显然违反了科学性原则，容易让学生形成错误的解题思路。教师表达的准确度会直接影响学生对学习的态度。

8.3.3 主体性与启发性原则

请看（主体性）"圆的内接四边形"（人教版九年级数学上册）的教学片段。

师：在 $\odot O$ 上，任点三个点 A、B、C，然后顺次连接，得到的是什么图形？
生：三角形。
师：那这个图形与 $\odot O$ 有什么关系？
生：是圆的内接三角形。
师：由圆内接三角形的概念，能否得出什么叫圆的内接四边形呢（类比）？
（此时教师展示一个圆，让学生通过大胆推测得到圆的内接四边形。）
师：根据已知的圆的内接三角形的概念，我们能不能总结出什么是圆的内接四边形？

再看（启发性）"三角形内角和"（人教版八年级数学上册）的教学片段。

师：我们都知道正方形和长方形的四个角都是直角，那它们的内角和是多少度？
生：360°。（把学生的注意力集中到内角和上）

师：直角三角形有三个内角，且其中两个是未知的，怎么得到它们的内角和呢？

上述两个案例，教师都没有直接告诉学生结果，而是让学生由已知入手，引导学生自行得出答案，这样不仅可以加深学生的印象，还能提高学生的参与度，锻炼学生的思维。

8.3.4　生动性和艺术性原则

请看"垂径定理"（人教版九年级数学上册）的教学片段。

师：（创设情景时，让同学们观看一段沙画视频，边观看边解说）同学们，我们一起来欣赏沙画，穿越时空，感受古人的造桥智慧。赵州桥始建于隋朝年间，由设计者李春和工匠们就地取材，选用质地坚硬的青灰色砂石作为石料，经过 18 年的搬运、捶打，顺桥方向建造而成。赵州桥不仅造型古朴美观，有着精美的雕饰，而且在设计上独具匠心，能减少流水的冲力，加速畅洪。赵州桥历经多年的沧桑变化，是世界上保存最完整的古代石拱桥。像这样一座圆弧形的"智慧之桥"到底蕴藏着怎样的数学奥秘呢？

教师通过视频及生动形象的语言将数学与艺术相结合，使学生似身临赵州桥。学生在好奇心的驱使下探索赵州桥中蕴藏的数学奥秘。此时教师适时地引出课程的主题，可以成功地吸引学生的注意力。

8.4　讲解技能的类型

讲解技能的类型可依据不同的标准进行划分。依据知识类型划分，一般可分为定义式讲解、对比解释式讲解、描述式讲解、探究式讲解、类比推理式讲解。

8.4.1　定义式讲解

定义式讲解是通过揭示事物的本质属性，利用已有的知识、思维等建构由表象到内化的认识的一种讲解类型。在学生进行回忆或观察的过程中，教师要启发其认识各种事物或事实所具有的基本属性或特征，在感知的基础上，引导其进行分析、比较，排除次要因素，抓住主要因素，对一系列事物的共性进行综合概括，明确它们的基本属性和本质特征。定义式讲解具有以下特点。

（1）运用丰富实例，使学生充分感知。在进行概念教学时，应使学生在各种情境中接触概念，使概念便于接受和理解。例如，在导入一个新概念时，最好使用实物、事实和事例等，并做必要的说明，使得有关事物连续出现，相同的刺激重复出现，让学生易于区分哪些是重要的属性、哪些是次要的属性。概念教学的理想方式是先教给学生一些典型的问题，识别出哪些是概念的主要属性，然后再教一般事物，最后识别特殊事物。

（2）用"变式"引导学生理解概念的本质。在学生初步掌握概念以后，可以变换概念的叙述方法，让学生从不同角度来理解概念。概念的表述可以是多种多样的。如质数的概念，可以说成"一个自然数除了1和它本身，不再有别的约数，这个数叫质数"；有时也说成"仅能被1和它本身整除的数叫质数"。学生对各种不同的叙述都能理解时，说明他们对概念的理解是透彻的、灵活的。

（3）联系已学知识，加深理解。当学生学习一个新概念时，要尽可能地与以前学过的知识联系起来。这样不仅为学习新概念奠定了基础，也有利于对概念进行分化，较深入地理解新概念，从而使所学的知识系统化。例如，在"中心对称图形"（人教版九年级数学上册）的教学中，在对中心对称图形的定义教学之后，就必须与轴对称（人教版八年级数学上册）的定义进行对比讲解，找出区别与联系，这样才能使学生在已有的知识中巩固新学习的定义知识，形成一个扎实的知识框架。

（4）显示相反事例，及时巩固应用。在显示概念所包含的各种事例，从中抽象出概念的特征时，不能仅显示与概念特征相一致的事例，也应显示与其特征相反的事例，尤其是一些容易弄错或搞混的事例，以利于明确概念的内涵和外延。例如，"一元二次方程"（人教版九年级数学上册）的教学中，在"一元二次方程"定义的讲解时，教师让学生从定义的几个关键词出发，结合正反两方面的例子，使其更好地理解概念的关键信息。

案例——"一元二次方程"（人教版九年级数学上册）：九年级学生在小学阶段已经接触了方程的定义，对方程有了初步的了解，在七年级和八年级阶段学习了一元一次方程和二元一次方程，且九年级学生在知识的建构中有一定的类比迁移能力。请参阅如下片段。

师：我们学习过方程的概念，哪位同学可以告诉老师，什么是方程？

生1：含有未知数的等式。

师：对。我们还学习了一些简单的方程，如一元一次方程。哪位同学可以给出一元一次方程的定义？

生2：含有一个未知数，并且未知数的最高次数为1的等式。

师：对。那它的一般形式可以怎样表示呢？

生2：$ax+b=0$ （$a \neq 0$）。

师：请同学们看黑板上的等式。（板书）根据我们对一元一次方程的理解，以及其一般形式，说说它们与一元一次方程有什么样的区别和共同点呢？

① $x^2=4$ ② $5x^2+3x+4=0$ ③ $(x-1)(x-2)=8$

……

教师通过让学生观察一组一元二次方程,同时类比已有的知识,将一元一次方程的学习经验类比迁移到对一元二次方程的学习中,使学生自主地建构新知识框架。符合该学段学生的认知水平,提升了学生知识迁移的能力,也符合建构主义的教学观和知识迁移的教学理论。

8.4.2　对比解释式讲解

　　对比解释式讲解是教师用简洁严谨的语言具体讲解事物或事理的含义、原因等,利用已有的类似知识迁移,形成对比,进而用简洁的语言解释说明,突出教学重点的一种讲解类型。对比解释式讲解具有以下特点。

　　(1)讲解不同于讲授,重在"解",通过前后知识的联系和区别形成对比,发展学生的转换思维。运用解释说明方式,使学生认识事物的现象、发展变化、本质特征和内在联系,更深刻地理解教学内容。例如,在"用拆添项法分解因式"(人教版八年级数学上册)的教学中,教师首先提出如何分解 x^6-1 的因式分解问题,此时学生会给出两种结果。

　　结果一: $x^6-1=(x^3)^2-1=(x^3+1)(x^3-1)=(x+1)(x^2-x+1)(x-1)(x^2+x+1)$;

　　结果二: $x^6-1=(x^2)^3-1=(x^2-1)(x^4+x^2+1)=(x+1)(x-1)(x^4+x^2+1)$。

　　此时学生就会猜想:到底哪一种结果是对的呢?教师进而引导学生观察两个结果中相同的项和不同的项。即 $(x^2+x+1)(x^2-x+1)$ 与 x^4+x^2+1 二者有什么关系,然后探索出它们其实是相等的,引导学生掌握这种因式分解的方法。

　　(2)讲解不是照本宣科,而是对教学内容的知识迁移,通过对比解释式讲解,说明前后知识的区别和联系,引导学生更深刻的认识。例如,在"随机事件与概率"(人教版九年级数学上册)的讲解中,可以通过许多生活实例让学生判断。这样不仅能使学生从生活实际出发学习数学,而且能激发学生的想象力。但教师也要注意不要任由学生天马行空地想象,脱离了课堂本身。

　　案例——"消元——解二元一次方程"(人教版七年级数学下册):七年级学生已经学习并掌握了解一元一次方程的方法,对于二元一次方程则是刚刚接触。从心理认知的角度上看,学生具备一定的观察、对比、迁移能力。因此,教学中怎样把学生已熟知的一元一次方程的解法与即将要学习的二元一次方程组的解法建立联系,则是本节课的重点。请参阅如下片段。

　　题目:体育节快到了,篮球是初一(2)班的优势比赛项目,为了取得好成绩,他们想在全部22场比赛中得到40分。已知每场比赛都要分出胜负,胜方得2分,负方得1分,那么初一(2)班应该胜、负各几场?

　　师:看到题目,我们首先审题……上节课我们学习了二元一次方程组的定义和设两个未知数建立二元一次方程组。根据上节课所学,应该怎么来设呢?

生：设胜 x 场，负 y 场。（教师板书）

师：接着怎么列方程呢？

生：依据全部22场比赛可列：$x+y=22$　　①；

再由得到40分可列：$2x+y=40$　　②。

（教师板书）

师：这时，我们这个问题解决了没有？

生：没有。还得解出未知数的值。

师：对，我们之前有没有学过怎么解这样的方程呢？

生：没有。

师：换个角度，我们能否用我们以前学过的设一个未知数建立一个一元一次方程来解决呢？（转化思维提问、启发式提问）有哪位同学可以回答？（示意学生回答）

生1：（学生举手）设胜 x 场，负 $(22-x)$ 场。

$$2x+(22-x)=40 \quad ③$$

解得：$x=18$

负 $22-18=4$ 场

答：应该胜18场，负4场。（学生回答，教师板书）

师：（对学生回答进行简单的评价）回答正确。以上这两种方法都可以解决这个问题，它们之间有一定的联系。（短暂停顿）我们再来看下方程③和方程②，是不是很相似呢？

生：（学生们表情疑惑）

师：方程③的左边有 $2x$，方程②的左边也有 $2x$。方程③和方程②的右边都等于40。唯一不同的是方程②有两个未知数，而方程③只有一个未知数。我们再看下，方程②中 y 表示什么？

生：负的场数。

师：方程③是 $(22-x)$ 表示的是什么？

生：负的场数。

师：也就是说它们表示的关系是相等的。那么能否将二元一次方程变形成一元一次方程？我们看到，二元一次方程组中的第一个方程 $x+y=22$ 可以写成 $y=22-x$，此时把第二个方程 $2x+y=40$ 中的 y 换成 $22-x$，这个方程就变形为一元一次方程 $2x+(22-x)=40$。（教师由此切入，讲解消元思想。）

在教学过程中，教师首先通过一个学生熟知的实例引入，分析后学生容易想到通过设两个未知数建立二元一次方程组来解决问题，但在求解的过程中遇到了瓶颈。接着，引导学生转换思维，应用之前学过的一元一次方程求解，让学生明白这两种方法都可解决同类问题。最后，通过对比解释式讲解，说明两种方法的区别与联系，进而说明二元一次方程的解题思想——消元。对比解释式讲解能够提升学生的观察能力与思维迁移能力。

8.4.3 描述式讲解

描述式讲解是教师用简洁严谨的语言对事物的外观进行描述，利用已有的类似知识迁移，抽象出数学图像或数学问题等，进而用简洁的语言描述讲解，突出教学重点的一种讲解类型。描述式讲解具有以下特点。

（1）讲解不同于讲授，重在对事物特点的直观描述，通过实际问题抽象出数学问题，如数学模型、数学图像、数学图表等，发展学生的转换思维。运用直观的描述，使学生认识事物本质特征和内在联系，更加深刻地理解教学内容。

（2）讲解不是照本宣科，不能脱离教材。讲解是对内容的知识迁移，描述事物内在的特点，从而揭露数学本质。

案例——"实际问题与二次函数"（人教版九年级数学上册）：在此之前学生已经学习了二次函数及其图像和性质，通过本节课的学习，使学生对利用二次函数知识求一些简单实际问题最大（小）值的方法更加完整。请参阅如下片段。

师：今天我们学习的是"实际问题与二次函数"中的探索 3，请大家看下面这道题（PPT）。这是一个抛物线形拱桥的截面图，题目中告诉我们它是抛物线形拱桥，当水面在 l 时，拱顶距水面 2m，水面宽 4m，当水面下降 1m，这时水面宽度为 d 线段标识的宽度，问水面宽度增加多少？（图 8-2）这也就是要我们求什么呢？

生：线段 d 与 4m 的差。

师：我们该怎么来解决这个问题呢？

生：利用二次函数。

师：对，我们学习了二次函数的图像是抛物线。我们应该选择怎样的抛物线呢？

图 8-2

生：$y = ax^2$。

师：对，有了函数图像的解析式，那么我们需要建立合适的坐标系来表示这个解析式。我们之前学习了 $y = ax^2$ 的图像，那么这个图像有什么特点呢？

生：顶点是原点，图像关于 y 轴对称。

师：那么我们将该抛物线形拱桥的什么部位作为坐标原点呢？

生：拱顶。

师：拱顶为坐标原点标 O，将该抛物线的对称轴作为 y 轴，那就很自然的得到 x 轴了。根据题目，取 1m 作为单位长度，把相应的长度标上去。我们就把二次函数图像的坐标系建立好了（图 8-3）。根据建立的坐标系，假设：该抛物线的二

次函数图像为 $y=ax^2$，求出该解析式，只含有一个选定。需要找到一个非原点的点代入就可以把选定系数 a 求出来。那图 8-3 中标出的黑色点的坐标是多少呢？

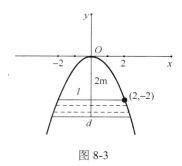

图 8-3

生：（回答不出）

师：（分析题意）根据题目中给出的已知条件及图像的对称性，可以知道黑色点对应的水面宽度是 4m，这时距离拱顶有 2m。那该点的坐标是多少？

生：（齐答）（2，−2）。

师：把抛物线经过点（2，−2）代入，得 $-2=a\times 2^2$，解得 $a=-\dfrac{1}{2}$，故抛物线的解析式为 $y=-\dfrac{1}{2}x^2$，这样就把该图像的解析式具体地表示出来了。回到题目，当水面下降 1m，这时对应的 $y=-3$。把 $y=-3$ 代入解析式 $y=-\dfrac{1}{2}x^2$，可以求得 x 等于多少？

生：$x=\pm\sqrt{6}$。

师：线段 d 长为多少？

生：$2\sqrt{6}$ m。

师：题目要求的是水面宽度增加多少？

生：$(2\sqrt{6}-4)$m。

师：这道题我们就解决了。

……

九年级学生的认知发展水平较高，形成了一定的独立性与批判性学习品质，并随着学生认知水平的提高，对学习的目的、意义会有越来越深刻的认识，表现为学习自觉性、主动性的增强，能有效地调节自己的学习活动，其自我监控和元认知水平有了明显的提高。因此，在教学过程中，教师通过对抛物线形拱桥的直观描述，从实际问题中抽象出数学问题，进而引导学生利用二次函数图像的特点，建立合适的坐标系，构成数学模型，让学生充分感受数学在实际生活中的应用价值，培养学生数形结合能力与逻辑推理能力。

8.4.4 探究式讲解

探究式讲解，又称发现法讲解、研究法讲解，是指学生在学习概念和原理时，教师只是给出一些事例和问题，让学生通过阅读、观察、实验、思考、讨论、听讲等途径去独立探究，自行发现并掌握相应的原理和结论的一种讲解类型。该讲解类型以学生为主体，让学生自觉、主动地探索，掌握认识和解决问题的方法和步骤，研究客观事物的属性，发现事物发展的起因和事物内部的联系，从中找出规律，形成概念。探究式讲解具有以下特点。

（1）创设情境，激发自主探究欲望。探究式教学的载体与核心是问题，学习活动是围绕问题展开的。探究式讲解要设定需要解答的问题，这是进一步探究的起点。

（2）开放课堂，发掘自主探究潜能。教师是组织者，指导、规范学生的探索过程。这个过程可以由单个学生完成，也可以由教师将学生分组来完成，培养学生寻求合作的团队精神。经过探究过程，学生要把各自的实验过程或者查阅的资料进行总结梳理，得出各自的结论和解释，并将结论清楚地表达出来，与大家共同探讨。

例如，在"圆的周长"（人教版六年级数学上册）的教学中：首先，让学生动手操作测量圆的周长（让学生在操作过程中，以猜想—验证—结论的顺序进行）。然后，归纳出圆周率的概念。接着，学生经过亲自动手测量与讨论，共同探索出圆的周长与直径的内在联系，从而得出圆周率的概念与取值。最后，引出圆的周长计算公式，解决生活中遇到的简单实际问题。（学生在主动参与猜想—验证—设疑—解疑的活动中，明确了数学知识可以先依据旧知识进行猜想，再对猜想进行验证，然后在验证中不断发现新问题，解决新问题直至获取真知识。）

（3）适时点拨，诱导探究的方向。教师为了达到让学生自主学习的目的，引导学生自己去发现问题，在学生不明白时可适当点拨，诱导探究的方向。

（4）课堂上合作探究，训练自主学习的能力。在探究教学过程中，教师是引导者，其基本任务是启发诱导；学生是探究者，其主要任务是通过自己的探究，发现新事物。因此，必须正确处理教师的"引导"和学生的"探究"之间的关系，做到既不放任自流，使学生漫无边际地去探究，也不能过多牵引。

案例——"三角形全等的判定"（人教版八年级数学上册）：考虑到八年级学生已有的知识结构和认识水平，已经掌握了全等三角形的对应边、对应角的关系，并具备了利用已知条件拼出三角形的能力。从认知心理学角度看，八年级学生缺乏思维的严谨性，不能很好地对问题做出全面、系统的分析。请参阅如下片段。

师：同学们请看大屏幕上这个情境。在学校的花架上有一块三角形的玻璃，这时，小明不小心将足球踢过来，"啪"的一声，三角形玻璃碎了。小明很着急，必须配置一个与之前一模一样的三角形玻璃，他该怎样来完成呢？小明没有量角器，只有尺子，我们学习过的什么知识可以帮助他呢？

生：三角形全等。

师：同学们回忆一下，全等三角形具备什么性质？

生：全等三角形对应边、对应角相等。

师：大家想想，是否一定要满足这些条件，我们才说三角形全等呢？这些条件能否尽可能少呢？只满足其中几个条件可否得到全等三角形呢？这道题中，有一个限制条件"小明只有尺子，没有量角器"，那就不能考虑角了，只能从边入手。又可以分为几种情况来讨论，我们该怎么解决？

生 1：我们可以分情况讨论，满足一条边对应相等，满足两条边对应相等和满足三条边对应相等。

师：回答得非常好，那我们就逐个情况分析。先给出一条边对应相等，可以画出全等三角形吗？（学生动手操作）

生：（齐声）不能。

师：取一条边对应相等，可以画出许多不一样大小的三角形，那我们可以得出什么结论呢？

生：一条边对应相等，不能得到三角形全等。

师：排除第一种情况，我们来看第二种情况——两条边对应相等。现在同学们拿出笔和纸，画出边长分别为 6cm 和 8cm 的三角形，然后剪下，与同桌画的三角形相比，看是否可以重合。

生 2：（举手回答）这是我画的，这个是同桌画的，（图 8-4）两个不能重合，所以不是全等的。

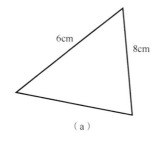
(a)

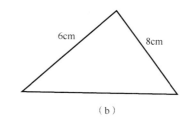
(b)

图 8-4

师：是什么原因造成的呢？

生：是这两条边所交的角度不一样。

师：通过对前两种情况的分析，我们可以得出什么结论呢？

生：给出一组对应边相等或两组对应边相等，都不能得到全等三角形。

师：那我们再分析三条边对应相等的情况。同学们动手画边长分别为 3cm、4cm 和 5cm 的三角形，将你们画好的三角形剪下与附近的同学比较，看能否重合。（操作大约几分钟）

生：可以重合。

师：那么任意画一个三角形 $\triangle ABC$，使其三边对应相等画 $\triangle A'B'C'$，画出的三角形全等么？（学生动手）（进一步引导）可先画线段 $BC = B'C'$，然后分别以 B'、C' 为圆心，以 AB、AC 为半径画弧，交点是 A'，A' 是否与 A 是相对应的呢？

生：是。

师：我们再将其重合，可以发现什么？

生：这两个三角形全等。

师：我们可以得出什么结论？

生：三边对应相等的两个三角形全等。（教师板书）

师：我们将这个结论简写为"边边边"或"SSS"。回到开始的问题，小明要配置一个一模一样的玻璃，那小明需要量出哪些数据？

生：三边的长度。

师：依据是什么？

生：三边对应相等的两个三角形全等。

在教学过程中，教师通过情境导入，在对三角形全等的条件探索中渗透分类讨论的思想，培养学生严谨的思维，提高学生全面、正确分析问题的能力，培养学生思维的主动性和广阔性，使学生在学习中得到乐趣，同时也让学生领悟到生活处处皆数学的道理。

8.4.5 类比推理式讲解

类比推理式讲解，是指教师利用学生已掌握的知识、材料，运用富于逻辑性的语言，根据教材中提供的已知材料类比推导出新知识，引导学生通过观察简单地得出一般规律的一种讲解类型。类比推理式讲解具有以下特点。

（1）运用分析、类比说明、归纳推理等方式讲解，使学生认识事物的现象、发展变化、本质特征和内在联系，感受由特殊到一般的解决问题的思想方法。

（2）教师用生动、富有启发性的语言激发学生思维的积极性，引导学生想象，利用类比推理等方法，发展学生的一般数学推理能力。

案例——"多边形内角和"（人教版八年级数学上册）：从知识结构上看，推导任意多边形内角和是在探索四边形、五边形、六边形的内角和基础上进行的，且八年级学生的知识迁移能力不强，因此，通过类比推理式讲解，结合新旧知识探索图形性质，让学生感受数学思考过程的条理性，从中发展他们的推理能力。请参阅如下片段。

师：同学们，今天我们来学习第七章第三节多边形内角和（板书：7.3 多边形内角和）。之前我们学习了三角形的内角和，你们还记得三角形的内角和是多少吗？

生：180°。

师：对于特殊的四边形——长方形的内角和是多少？

生：360°。

师：对于任意的一个四边形，它的内角和又是多少呢？（停顿后，给出提示：我们知道对于任意的三角形其内角和均是180°。）

生：可否将四边形转化为三角形来求呢？

师：很好！怎么转化呢？（停顿后，给出提示：如果连接四边形中不相连的两个顶点……）那么我们可以得到几条对角线？

生：1条。

师：这条对角线把该四边形分成几个三角形？

生：2个。

师：那么四边形的内角和就是两个三角形的内角和，也就是多少？

生：2×180°。

师：我们知道了四边形的内角和，那么五边形、六边形的内角和又怎样求呢？刚刚的四边形，是通过构成对角线，转化为三角形来解决的。那么，对于五边形我们是否可以同样用这种转化的思想来解决呢？（停顿）从五边形的一个顶点出发，连接与之不相邻的两个顶点，可以得到几条对角线？

生：2条。

师：这2条对角线把这个五边形分为几个三角形？

生：3个。

师：就是说五边形的内角和可以看成是3个三角形的内角和，也就是多少？

生：3×180°。

师：我们是否可以用这种转化的思想来处理六边形呢？如果从六边形的一个顶点出发，连接与之不相邻的顶点，可以构成几条对角线？

生：3条。

师：这3条对角线把这个六边形分为几个三角形？

生：4个。

师：就是说六边形的内角和可以看成是4个三角形的内角和，也就是多少？

生：$4×180°$。

师：同样地，我们可以求出七边形、八边形，甚至是十边形的内角和。那么对于一个n边形，它的内角和又是多少呢？（板书：n边形）刚刚我们求四边形、五边形、六边形的内角和时是通过做对角线转化为三角形的方法。那么对于一个n边形，从它的一个顶点出发，连接与之不相邻的顶点，可以得到几个三角形呢？（板书：对角线条数）

生：$n-2$。

师：因此，一个n边形，可以看成是$n-2$个三角形的内角和。我们很快可以得出，n边形的内角和是多少？（板书：n边形的内角和）

生：$180°×(n-2)$。

在教学过程中，教师首先从学生已有关于三角形内角和的知识出发，探索出多边形中简单图形——四边形的内角和，从中发现转化的思想。接着，通过增加图形的复杂性，探索五边形、六边形的内角和，发展学生的类比推理能力，并加深对转化思想的理解。最后，通过归纳不同边数多边形内角和与边数关系的公式，体会数形之间的联系。将任意多边形转化为三角形的问题，不仅可以发展学生的空间想象力，还可以让学生感受由特殊到一般的数学思想方法。

8.5 讲解技能的实施策略

教师在教学实践中应该通过学习、总结和创新，不断提高讲解能力，丰富和完善讲解技能，以提高数学教育教学质量和水平。教师运用讲解技能时，要注意以下实施策略。

8.5.1 语言表达清晰，语速适当，抑扬顿挫

讲解是以语言为基础的。教师的讲解要做到声音洪亮、吐字清晰，以学生听清为宜，语速快慢适当，感情充沛感人，声调抑扬顿挫、富于变化，能够准确生动地表达自己的思想和情感。

8.5.2 言简意赅，语言准确、生动、流畅

讲解与日常说话不同，要经过精心的组织策划。有效的讲解应该是语言精练、感情充沛、生动活泼、流畅自然的表述，讲清所讲的内容与前后知识和相关学科的内在联系，传授数学思想方法。

例如,"整式的乘法"(人教版八年级数学上册)的教学片段。

在讲解同底数幂的乘法、幂的乘方、积的乘方三个知识点时,为了强调三者的不同,防止学生混淆,方便学生记忆,可以设计一个口诀:同底数幂相乘,底数不变,指数相加;幂的乘方,底数不变,指数相乘;积的乘方等于乘方的积。

8.5.3 教态自如,面向全体

俗话说:"自然的才是美的。"稳重、端庄、大方的教态会给学生庄重、严肃、认真的感觉。教师面向全体学生,使学生与教师有眼神的交流,营造轻松的课堂环境、活跃的学习氛围,从而对学生的学习态度及学习方法产生积极的影响。

8.5.4 内容正确,论述充分,方法得当

科学地传授数学知识是课堂教学中教师的第一要务,讲解的内容要求准确无误。教师的讲解不仅要传授知识,还要教会学生数学的方法,剖析知识体系的结构,形成数学思维。

8.5.5 条理性好,逻辑性强,重点突出

在课堂上,学生大多都比较喜欢语言丰富、感情充沛、机智幽默的教师。尤其在数学课堂上,数学知识环环相扣,同时又要求条理清晰、重点突出。因此,教师在讲解时应该有很强的逻辑性,做到主次分明,突出重点和难点。

8.5.6 与板书技能、提问技能配合使用

就讲解技能而言,会比较枯燥,很难达到需要的效果,但是有经验的教师会巧妙地将讲解技能与其他技能有效配合,充分发挥各个技能的优势。

例如,"对数"(人教版高一数学上册)与板书技能配合的讲解教学片段。

在讲解指数与对数概念之间的关系时,学生会比较容易混淆,可以配合如下表格(表 8-1)来讲解。

表 8-1

式子	名称		
	a	b	N
指数式 $a^b = N$	指数的底数	指数	幂值
对数式 $\log_a N = b$	对数的底数	对数	真数

再如,"对数"(人教版高一数学上册)与提问技能配合的讲解教学片段。

(1)"2^{25} 是几位数?用对数计算。"这样的讲解,会使学生不感兴趣,若换一种讲法,效果将大不一样。

（2）"某人听到一则谣言后1小时内传给两个人，这两人在1小时内又分别传给两个人，如此下去，一昼夜能传遍一千万人口的大城市吗？"问题出人意料，结论又在情理之中，足以引起学生的注意力。

同样的问题，由于讲解方式的不同，效果也不同。

8.5.7 注重启发、反馈与沟通

师生之间的交流是最重要的课堂环节，关注学生与否成为教师课堂教学成败的关键。由于教师的讲解更多地关注学生的接受程度，在讲解过程中与学生的沟通和交流也成为关注的焦点。

第9章 一个形成条件反射的关键变量
——论强化技能的运用与提升

"强化"是行为主义文献中最早出现的概念之一。强化原理后来演化为教育心理学中著名的学习原理——及时强化与反馈。强化概念的提出始于美国心理学家桑代克，后经华生、赫尔的发展与修订，到新行为主义代表人物斯金纳时期达到了一定的理论高度。以上学者都认为强化作用是决定人和动物行为的关键因素。

强化理论广泛应用于人类的社会情境，如心理治疗、问题儿童的处理、课堂管理等方面。强化理论对学校教育中促使学生行为的变化与改善方面具有重要的价值，能够指导教师恰当地运用奖励和惩罚，正确地培养和矫正学生的道德行为。

9.1 强化技能的概念

强化技能是教师依据"操作性条件反射"的心理学原理，主要运用对学生的反应采用肯定或奖励的方式，使教学材料的刺激与学生反应之间更快地建立稳固的联系，帮助学生形成正确的行为，引导学生的思维活动朝正确方向发展的一类教学技能。

操作性条件反射的概念由美国心理学家斯金纳于1953年提出。他把一只饥饿的白鼠放入实验箱内，当白鼠偶然踩在杠杆上时，即喂食。为强化这一动作，经多次重复，白鼠会自动踩杆而得食。这类必须通过自己某种活动（操作）才能达到一定目的而形成的条件反射，称为操作性条件反射。在操作性条件反射中强化只同反应（操作）有关，并出现在反应之后。20世纪70年代斯金纳将操作性条件反射运用到课堂教学实践中，结果表明学生倾向于重复那些受到奖赏的反应，而中止那些没有受到奖赏的反应。

数学教学中的强化技能，是指在课堂教学中教师通过各种方法与手段，巩固学生的知识点，促使学生将新知识与原有认知结构中的旧知识发生相互作用，从而健全和改善学生的知识体系，同时使教学材料的刺激与教师希望学生的反应之间建立更加稳固的联系，促进和增强学生的反应及保持学习力量的方式。

构成强化技能的因素，主要有以下几点。

9.1.1 提供机会

请看"特殊的平行四边形"（人教版八年级数学下册），在进行矩形定义构建过程的教学中，教师采用以下教学行为。

教师拿出一个四角用钉子固定的木条做成的矩形后，学生通过观察后能答出这个图形是长方形或矩形。

如果此时教师自己给出矩形的定义，那么课堂会显得单调、苍白。相反地，如果教师进一步采用强化技能，用以下的教学方式。

师（进一步引导学生）："谁能像给平行四边形下定义一样，给矩形也下一个定义？"

生1：两组对边分别平行且四个角都是直角的四边形叫作矩形。

此时教师将生1的回答在副板书上写出，并通过语言进行强化："××同学经过充分观察给出的定义是对的，很好！"然后教师再进行停顿，反复观察学生，等待其他回答。

生2："实际上两组对边分别平行，有三个角是直角就行了。"教师对生2的回答点头微笑。学生之间互相议论。

在上述教学片段中，教师通过提问的方式给学生提供了表现自我的机会，并针对个别学生的反应，及时对正确的因素给予强化和评价，使学生能够加深对矩形定义的理解，同时也体会到归纳总结、展示成果的快乐。因此，教师一般可采取提问、板演、对个别学生的反应做出评价等方式，给学生做出反应的机会。

9.1.2 做出判断

教师通过学生的不同反应，及时地做出判断，并根据学生的表现给予不同的强化，通过语言或行为及时对学生的每一个"闪光点"进行强化。既可以激发学生在课堂上与教师互动的积极性，同时也能调动学生自主学习的兴趣和信心。但是当教师对学生的反应一时不能做出准确判断时，不要武断地下结论。在课堂教学中及时对学生的反应做出判断，属于教师的心智活动，这要求教师平时要认真钻研教材，打好扎实的业务基础。

9.1.3 表明态度

教师对学生的反应做出判断后，要表明自己的态度，对学生的正确反应进行强化，这是教师在应用强化技能时的外显行为。教师的态度应当明确，要使学生明确教师肯定的是他的哪些行为。在进行强化时，教师要面向全体学生，以取得最佳的教学效果。例如，在上述"特殊的平行四边形"案例中，教师对生1的评价清晰明确，让生 1 清楚地知道自己给出的定义是正确的，同时这种强化也能让所有学生明确教学的内容，给予学生信心的同时也激发了学生的学习兴趣。

9.1.4 提供线索

例如，在讲解"等腰三角形"（人教版八年级数学上册）时，教师出示如下例题。

"等腰三角形一边为 5，一边为 6，求它的周长是多少。"教师对思路清楚正确的学生进行表扬，并让做得好的学生讲解自己的思路。

教师通过对学生的反应及时给出强化，并进一步引导学生讲出自己的解题思路。让学生通过展示自己思路的同时，对自己给出的反应进行一次检验和判断，强化学生对于教学内容的掌握。

9.2 强化技能的功能

在数学课堂教学中，强化是进一步学习的重要因素，是研究如何促进学习进展的重要变量。在数学课堂中强化技能的功能，主要体现在以下两个方面。

9.2.1 课堂组织方面

强化技能能够促使学生集中注意力，主动参与教学活动并养成良好的行为习惯。在课堂教学中，教师运用对认真听讲的学生给予表扬，或对全体学生聚精会神地听课给予很高的评价等强化方式，能促使学生把注意力集中到教学活动上，也可以防止或减少非教学因素的刺激所产生的干扰。教师对主动参与教学的学生给予鼓励，尽管学生做出的反应有时不完全正确，教师还是应该对学生的积极性给予肯定。

例如，有些教师对板演出错的学生采取分步给分的办法，这样不仅可以使学生本人更主动地参与教学活动，还能促使更多的学生投入其中，形成热烈、活跃的课堂气氛。

实验研究表明，运用强化技能塑造学生的行为是行之有效的。教师在帮助学生形成良好的行为习惯的时候，如遵守纪律、独立思考、课前预习、课后及时复习等，对做得好的和有进步的学生采用赞许的方式，可以促进学生形成并巩固正确的行为。

9.2.2 学生学习方面

承认学生的努力和成绩，能促使学生将正确的反应行为巩固下来。研究表明，强化技能不仅能改善学生的行为，还能提高学生学习的数量和质量。这是由于教师有目的地运用强化技能，促使学生的正确行为以较高频率出现的结果。在课堂教学中，教师提出问题或布置其他学习任务后，当学生做出的正确反应（如回答或板演正确、思维敏捷、见解独到等）符合甚至超过教师的期望时，教师采取适当的强化方式给予肯定或赞许，会使学生因自己的努力得到教师的认可而在心理上获得一定的满足感。

例如，教师给出一道题目，请学生在黑板上进行演算、证明。当学生书写完成后，判断是否正确。教师可以用彩色粉笔在正确的地方打钩，还可以写上"好"，并画上感叹号"！"。或者对学生的作业，采用印章（如五角星、红旗等）的方式给予肯定和表扬。

这样既使学生获得心理上的满足感，同时也有助于学生把自己正确的反应行为（如解题思路、方法、技巧等）巩固下来。如果这种正确反应经常得到强化，学生的学习动机就会增强，学习水平也会得到提高。

9.3 强化技能的应用原则

9.3.1 多样性原则

在采用强化技能时，不宜重复地采用同一种类型的强化技能。教师可以不失时机地对全班或小组，也可以对单个学生采用强化技能。对全班或小组的强化，可以帮助教师创造一个良好的课堂氛围，使所有学生在团结、奋进的状态下愉快地学习。教师必须在考虑学生的年龄和能力的基础上，清楚什么类型的强化技能会对学生有效，并且一旦决定实施某种适当的强化技能，教师还必须灵活地完成。

例如，对于学龄初期的学生，教师采用表扬、身体接触、给象征性的奖赏物等，强化的效果更好；对于学龄中、晚期的学生，通过集体舆论教学表扬和批评，强化的效果更好；对于自信心差的学生，宜采用多一些的表扬和鼓励；对于过于自信的学生，则应更多地提出要求，在表扬的同时还应指出其不足之处。

9.3.2 个性化原则

教师必须注意个体对强化方式的需要。有的学生乐于接受教师的当众表扬，有的学生可能窘于当众赞赏而更乐于接受教师在其作业结尾写几句鼓励的话。小学生可能为得到一个印章图案而高兴，而高中生在成功地完成教师安排的任务后，可能倾向于参加一项喜欢的活动。在对学生个人实施强化技能时，提到学生的姓名，会比笼统的表扬更有效果。

9.3.3 恰当性原则

教师在使用强化技能时，应设法使学生知道强化的是他的哪些特殊行为，表扬、鼓励的是他的哪些特定的学习行为。这样教师的强化意图才能使学生正确地领悟。

例如，当学生的回答或操作不完全正确的时候，教师应对合理的部分进行正面的强化。又如，教师对学生的回答不能做出准确判断时，不能做主观、武断的评论，这时可要求学生再次重复自己的回答，给学生一个充分表现自己的机会。

9.3.4 灵活运用即时强化与滞后强化原则

教师通常是在得到一个满意的反应后，马上采用强化技能。滞后强化看起来似乎没有即时强化效果好，但为使某一教学活动一气呵成，或不打断全体学生的热烈讨论，即使某一个学生的回答很精彩，也不要插入强化，而是要等到讨论完成时才使用滞后强化。

9.3.5 善于对正确部分进行正面强化原则

尽管学生的解答不够全面或者只答对一部分；或学生在操作中，努力后的结果不完全正确，仍有值得表扬之处。教师要善于抓住每个学生的闪光点，指出其所做努力的价值，并鼓励学生在此基础上继续努力。

使用强化技能时，教师的态度要真诚，评价要客观。表扬和赞许的程度要与学生反应行为的正确程度相匹配。如果对缺乏想象力的学生说："思维敏捷"；对学习差的学生答对一个简单问题就说："可算开窍了！"也许教师的目的是鼓励或表扬，但学生可能感受到的是虚假和挖苦。

9.3.6 引发学生间的激励原则

教师可以采用鼓励学生互相肯定或表扬的强化方式，从而使教学过程中实施的彼此强化得到发展。

例如，让一组学生正面评论另一组学生所做的努力，让大家为某个同学精辟的阐述鼓掌，由班委会成员表扬学习进步者、互帮互学者等。

因此，学生正确的行为习惯、学习的动力、成绩的提高，并不是完全依赖于教师直接给出的强化。

9.4 强化技能的类型

基于强化方式的不同，教师实际应用强化技能的具体形式主要有以下几种类型。

9.4.1 语言强化

语言强化是教师运用语言手段强化教学的行为。教师对学生的回答、反应或行为习惯做出判断和表明态度,并用恰当的词语进行评价,给予肯定、否定、表扬或赞许,增大学生向教师所希望的方向发展的倾向,以达到强化学习效果的目的。

语言强化主要包括口头语言强化、书面语言强化和采纳学生的想法三种形式。

1. 口头语言强化

口头语言强化是教师对学生在课堂上的反应和表现以口头语言的形式做出针对性的确认、表扬或批评,以达到强化的目的。这些语言既可以用于数学课堂的教学进行之中,也可以用于教学任务完成的同时,还可以用于教学任务完成之后作为补充的反馈信息。

1)积极、肯定的强化一般用肯定词语或语句

词语类:对;正确;很好;太棒了;非常正确;逻辑清楚;保持下去;进步明显等。

短句类:"回答得很完整""这个想法是动了脑筋的""做得对,我很满意""继续做下去,你会做得越来越好的""很好,我喜欢××同学的解释""你掌握得非常快""你进步得很快""你的书写工整很多了,要保持下去"等。

2)有时用突出的语气进行强化

例如,"这是重点""这里要特别注意"。有时通过修辞手法进行强化,如对比(正确和错误)、夸张(夸大或缩小)、重复、比喻等。

3)为消除错误行为出现的否定性强化一般用否定或疑问语词

例如,"对吗""是这样吗""可能吗"。但为了避免伤害学生的自尊心,不要直接否定,而要迂回婉转地否定强化,如"你的解法是正确的,如果计算再准确一点就更好了""你的构思很新颖,再仔细想一想"等。

案例——在"完全平方公式"(人教版八年级数学上册)的教学中,教师采用如下口头语言强化。

"请大家注意,我们这里说的等号的右边是'两数的平方和',不是'两数和的平方'。我再说一遍,是'两数的平方和'。"并在黑板上写下 $a^2 + b^2$。

这节课是学生在学习了有理数运算、列简单的代数式、一次方程及不等式、整式的加减运算知识、一般的整式乘法知识和平方差公式的基础上进行的。通过这节课的学习,让学生掌握完全平方公式的相关知识和用法,这是基本而重要的代数初步知识,为以后学习分式和根式运算、函数等知识打下基础,也对后续的数学学习具有重要意义,同时也是学习物理、化学等学科及其他科学技术不可缺

少的数学基础知识。教师通过反复的重复强化方法，进一步地强化学生理解掌握完全平方公式，并通过强化让学生区分"两数的平方和"和"两数和的平方"，以此加深学生的印象。

2. 书面语言强化

书面语言强化是通过教师在学生的作业或试卷上所写的批语，而对学生的学习行为产生强化作用的一种类型。

例如，在学生的作业上写出适当的肯定性评语："很完整""你的作业工整多了，要继续保持下去。""进步明显""如果计算得再准确一点就更好了"等。

一个对作业从不认真的学生，经教师和家长教育后，不但文字比过去工整了，错误率也下降了，而且确实是他自己下了功夫的。教师对他的作业要仔细评判，并写出适当的评语，如"文字较工整，错误少，有进步。你还有潜力，再下功夫会有更大的进步。"

经过反复的鼓励强化和引导，这个学生对待作业的态度就会有较大的改变。恰如其分的评价比单单地写"好""有进步"具有较大的强化作用。如果只写一个"阅"字则对学生没有强化作用。

3. 采纳学生的想法

语言强化还有一种容易忽略的类型，就是采纳学生的想法。当学生上课时在应用、比较、归纳、扩充等方面提出自己的见解时，教师可以采用这一强化方法。采纳学生的想法，可以向学生表明他们的发言是重要的，可以提高学生的参与水平。

案例——在"矩形定义的构建过程"（人教版八年级数学下册）的教学中，教师通过采纳学生的想法这一语言强化形式进行教学。

师：谁能像给平行四边形下定义一样，给矩形下一个定义？

学生1、2、3、4分别站起来说出了自己给矩形下的不同定义。

教师在副板书上简记学生1、2、3、4的定义。

师：说得好！请同学们互相研究一下，这个定义怎么给最好？

学生互相研究，很快有不少人举手要发言。

生5：有一个角是直角的平行四边形叫矩形。

师：给出的这些定义中有没有是错的？你们都同意哪一个定义？

学生互相商量，纷纷要求发言：①五个都对；②最后一个好。

师：非常好！今天同学们自己给出了矩形的定义。同时将最后一个同学发言的内容写在主板书上，并写出了课题。

这节课是学生在学习了平行四边形及平行四边形的定义、性质的基础上进行的，教师采用属加种差的方法，将平行四边形的角特殊化得到矩形的概念。通过本节课的学习，让学生通过自己归纳总结掌握矩形的定义，为今后学习矩形的特殊性质、其他的特殊平行四边形等知识打下基础，也对后续的数学学习具有重要意义。教师通过采纳学生的想法这一语言强化形式，让学生自己归纳总结、提出见解，从而提高学生的参与水平，增强学生自主学习的能力，提高学生的学习兴趣，使学生更加扎实地掌握矩形的定义这一知识，加深学生的印象。

9.4.2 非语言强化

教师通过某种非语言动作传递信息，对学生的某种行为表现表示赞许和肯定，这种强化就是非语言强化。简单来说，非语言强化就是教师使用语言以外的手段来强化教学的行为。这些非语言的行为可以是目光接触、点头微笑、靠近学生、放松体态、做出某种积极的姿态、画出醒目的符号等。在课堂上教师要善于运用非语言强化，因为它有时比语言强化的作用更大。研究表明，当教师的语言信息与非语言信息不一致时，学生更倾向于接受非语言信息。

非语言强化主要包括动作强化和标志强化两种形式。

1. 动作强化

动作强化是教师运用师生之间的交流动作强化学习活动的行为方式。一个富有教学魅力的教师，往往可以通过其体态语言和学生进行非常默契的信息交流。一个会意的微笑、一种审视的目光，都可以把教师的情感正确地传达给每一位学生。动作是无声的语言，包含手势、头势、姿势，常配合语言进行强化，也可以单用。

作为强化的方式，手势强化主要由点、划、挥、压、劈、摇等组成。点的作用有强调，如点点黑板、讲台、学生所在的空间，起强调重点、要求注意力集中的作用。划，以手模拟事物形象，加强效果，也可表示数量关系，以便强调，如教师手数一、二、三……以此计算自己讲授或学生回答的内容，强调要点的完备程度。挥，可以增强信息的表达效果。压，以手掌向下按，强调要肃静，或表示高压之意。劈，表达决心等情感和意志的信息。摇，表示否定、婉拒之意。

头势强化一般以微微的点头表示肯定、赞扬、鼓励，以重重的点头表示强烈的正强化，以微微的摇头表示否定、谴责、批评，以沉重的摇头表示强烈的负强化。

身体姿势也是教师用来传递信息、强化的重要手段。"立如松"使学生觉得教师精力充沛、充满自信；在讲台的两侧得体地走动，会使学生感受到教师教态亲切自然，产生亲近感；边讲授边在学生课桌间前后走动，可缩短师生之间的心理距离，集中学生的注意力，使学生感受到教师在关注着自己。

在数学的教学过程中，有一些常用的动作强化。例如，通过微笑对学生的表现表示赞许，通过点头、摇头，对学生的表现表示肯定、否定，通过鼓掌、举手，对学生的表现给予强烈的鼓励或同意。教师运用接触学生，起到暗示、关心、激励学习的强化作用。教师通过有意识地走到学生的身边，或站立观察其活动，如对其解题步骤的指点、提示，或纠正其实验装置，或参加小组讨论等，都表示对学生的关心。当学生有好的见解或成功完成某项工作时，用拍肩等动作给予赞赏。这些都对学生起到关心、鼓舞的作用。

案例——在"一元二次不等式及其解法"（人教版高中数学必修5）的教学中，教师采用如下动作强化。

教师通过两手距离的拉开和靠近，具体地表现出"两根之外"与"两根之间"的差别，使得解不等式这一过程更加形象化。

这节课是对初中一元一次不等式或一元一次不等式组的延续和深化，对已学习过的集合知识的巩固和运用具有重要的作用，也与以后学习的函数、数列、三角函数、线性规划、直线与圆锥曲线及导数等内容密切相关。这在整个高中数学教学中，体现出强大的工具作用。教师为了使学生更加深刻地理解一元二次不等式的解，通过采用动作强化这一技能，借助恰当的手势，运用眼神、手势的变化使课堂教学内容更加有力、明确，增强语言的形象性和情感性，把动作与数学教学语言表达默契地配合，使抽象的数学教学内容显得更加形象直观，使学生更加深刻地掌握一元二次不等式的解法，以达到良好的教学效果。

2. 标志强化

标志强化又称符号强化，是教师用一些醒目的符号、色彩对比等强化教学活动，是对学习材料中加入不增加实际内容的词语、数字、符号，以强调概念结构和组织的强化形式。这些符号标志不提供实际信息，却可使材料的结构更为清晰，加深学生印象。标志强化的作用主要是促进选择性保持和迁移，有助于学生对材料的理解，使之对内在结构融会贯通，有利于提高解决问题与迁移能力。

使用标志强化的方式有很多，一般有列出小标题，使用不同字体，突出关键词语，用序列数字标明要点，板书、教具等使用不同色彩，加上着重符号（如"……""▲▲▲▲"），画上各种线条（直线、曲线、波浪线），给作业加上正误符号（"√""×"），将易错部分、重要部分、矫正部分用彩色标明等。

例如，学生在黑板上的演算、证明等书写完成后，教师可用彩色粉笔在正确的地方打钩，还可以写上"好"，并画上感叹号"！"。又如，对学生的作业，可以用印章（红花、五角星、红旗等）的方式给予表扬和肯定。再如，在课堂教学中，对讲解内容中的重点、难点及关键处可加彩色的圆点，或用画曲线等方式以引起学生的特别关注。在演示实验中，还可以在观察的重点处加标志或说明等，以强化实验的目的。

案例——在"解一元一次方程（一）——合并同类项与移项"（人教版七年级数学上册）的教学中，教师采用如下标志强化。

教师在讲解合并同类项的过程中，要求学生在做合并同类项的题目时，先把题目中的同类项用直线、波浪线、双横线画出来。例如，计算 $3a^2 + 2b - a^2 + 3 + 4b - 6$。教师在讲解过程中，先把 $3a^2$ 和 $-a^2$ 用"＿＿"画出来，再把 $+2b$ 和 $+4b$ 用"～～～"画出来，再用"＝＝＝"把 $+3$ 和 -6 画出来。

在此之前学生已经学习了用字母表示数及有理数运算，通过本节课的学习，让学生通过探究的形式，讨论一般的同类项的合并，并采用与数进行类比的方式，利用数的运算律（交换律、结合律、分配律等）将多项式中的同类项进行合并，进一步体现了"数式同性"。合并同类项是解一元一次方程的基础，也为后面学习分式和根式运算、方程及函数等知识奠定了基础。七年级学生活泼聪明，但还是难以快速准确地区别出同类项，往往会判断错误或遗漏同类项。因此，教师通过标志强化，使学生能够快速地找出同类项，加深学生的印象，以此训练学生熟练地找出同类项，同时也为合并同类项的计算奠定了坚实的基础。

9.4.3 活动强化

教师为学生提供一些活动背景，让学生参与到教学过程中，以达到自我促进、自我强化的作用，这种教学行为称为活动强化。

学习是一项艰苦的脑力活动，硬逼着学生去学习，会使学生觉得学习是一件枯燥的苦差事。如果把学生本身的学习活动当作强化因子，即把容易引起学生兴趣的活动放在难度较大的学习活动之后，做到先张后弛，可以强化难度较大的学习内容。教师在进行数学课堂教学活动甚至平时的课时安排时，都应该要遵循这一原则。例如，在一节数学课上，教师采用各种办法把学生的学习积极性调动起来以后，就可以进入概念、法则、原理等难度较大的理论学习。经过一段紧张的思维活动，在学生初步形成了有关理论的概念之后，教师可以提出一些生动有趣的问题，让学生通过解决这些问题加以深化、巩固学习，这就是对所学的理论知识的强化。还可以在一段紧张的学习之后，安排学生感兴趣的活动或娱乐活动。

一般来讲，活动强化的方式主要有以下几种。

（1）设置情景问题，有针对性地让学生参与一些比较容易完成的教学活动，让学生充分展示自己的个性特长和聪明才智，让学生享受成功的乐趣。

（2）对课上提前完成某一学习任务的学生，可给予新的学习任务。如练习时，对解题快的学生，教师可要求其练习相关联的新问题。在课堂练习中，让完成快、质量好的学生，将解答写在黑板上，向同学们展示。

（3）在课堂讨论中，让正确理解的或有独特见解的学生，向全体学生阐述他的理解，提出他的观点和论据。鼓励学生对其他同学的回答发表意见，进行评价。

（4）对有特殊爱好和专长的学生，分派一些"代替"教师的任务，如在课前准备演练的基础上，向全体学生做比较复杂的演示实验或创新实验。

（5）组织一些竞赛性活动。学生都有好胜心和表现欲，非常愿意参加富有挑战性的竞赛活动。教师让学生在竞赛中体验成功，从而树立学生的自信心。

（6）在完成一段教学任务后，如讲完一单元或一章后，教师可以组织一次总结讨论课。在学生有准备的情况下，讨论这部分的主要内容、知识结构，主要的题目类型，提出尚存有疑难的问题等，诱导学生充分发表意见，尽量发掘学生的学习潜能。

案例——在"三角形的高"（人教版八年级数学上册）的教学过程中，教师采用如下的活动强化。

教师让学生分别画出锐角三角形、直角三角形和钝角三角形这3个图形中每个图形的3条高，让学生之间进行图形对照，可得到3条高相交于同一点。在锐角三角形中，它们的交点在三角形内；在直角三角形中，它们的交点在直角顶点上；在钝角三角形中，它们的交点在三角形外。再引导学生观察、组织小组讨论，尝试能不能通过三条高交点位置判断它是哪种三角形？

开始时，小组成员只是轻声地、支离破碎地发表自己的看法，后来在逐渐交流中，大家一致认为可以通过三条高交点位置判断三角形的形状。这时再让学生看书上的结论，验证一下自己的说法对不对。

在此之前学生已经学过了线段、角及三角形的边等相关知识，通过本节课的学习，更进一步地了解三角形的有关概念和性质，丰富和加深学生对三角形的认识，同时这些内容是以后学习各种特殊三角形的基础，也是研究其他图形的基础知识。在教学过程中，教师通过采用活动强化这一技能，抓住教材的重点、难点，安排切实有效的讨论，让学生各抒己见，由被动的"光听不说"转变为"既听又说"，让学生在小组讨论中积极参与，充分调动了学生的积极性和独见性，从而突出教学重点，克服教学难点，使教材中的疑难问题迎刃而解，让学生体验到成功的喜悦。

9.4.4 提问强化

"提问"是一种必不可少的教学手段。在数学课堂教学中，向学生提问，是教与学之间信息传导的一种重要方式。提问运用得好，可以激发学生的学习兴趣，激活学生的思维,培养学生的自学能力。学生在学习教材的过程中,对学生已学过的公式、定理、概念、法则进行提问是对学生记忆知识的强化。同样地,教师讲解完某公式后,也可以将公式的变形形式叙述或板书给学生,请学生进行判断正确与否。当学生表示理解并能正确回答教师的提问时,教师要给予表扬,这样不但能使学生饶有兴趣地去记忆公式,而且能活跃课堂气氛。

案例——在"同角三角函数的基本关系"(人教版高中数学必修4)的教学中,教师采用如下提问强化。

教师在进行同角三角函数的基本关系的讲授后,向学生提问:"1等于什么?"你能写出几种不同的形式?并要求学生在练习本上写出:$1=\sin^2\alpha+\cos^2\alpha$,$1=\sec^2\alpha-\tan^2\alpha$,$1=\csc^2\alpha-\cot^2\alpha$,$1=\sin\alpha \cdot \csc\alpha$,$1=\cos\alpha \cdot \sec\alpha$,还可以要求学生写出:$1=\sin 90°$,$1=\cos 0°$,$1=\tan 45°$,$1=\log_a^a$,$1=a^0(a\neq 0)$等。

三角函数是学生在高中阶段学习的一类重要的基本初等函数。它是描述客观世界中周期性变化规律的重要数学模型,在数学和其他领域中具有重要作用。这节课是在学生学习了函数、基本初等函数、任意三角函数的定义的基础上开展的,同时也为以后学习三角函数的诱导公式和三角函数的图像性质奠定了基础。教师为了使学生更加深刻地理解和掌握同角三角函数的基本关系,采用提问强化这一技能,通过适当的提问,强化学生记忆公式,这种方法也可称为公式变形强化记忆。提问强化能够提高学生的记忆效果,加深对同角三角函数的基本关系的理解,真正掌握这些公式及其变形。

9.4.5 延迟强化

教师一般要对学生的理想行为表现及时强化,但有时也可对学生前一段时期的行为进行强化,这种对以前行为的强化就是延迟强化。虽然在课堂教学中,延时强化似乎没有即时强化常用,但也不能忽视其作用。教师可通过延迟强化向学生表明,有些行为不应忘记,并且仍然很重要;同时,也向学生表明教师对学生早期养成的良好行为是非常重视的。对于课堂中出现的小问题、家庭作业应及时强化,而对于比较抽象复杂的问题应待学生反应充分后再进行强化。在课堂教学中,有时由于环境不允许(如学生集中注意某一问题或兴趣集中在某一点)来不及强化时可使用延时强化;有时是需要学生对某种行为保持一定热度,而还未施行强化,或强化得还不够时使用延时强化。

例如,当学生提出不同看法甚至是错误看法时,教师不要急于做出评价,而要先肯定学生肯动脑筋的优点,继而让其带着问题学习。当学生终于明白其中的道理,教师这时再来强化,给学生的印象会更深刻,强化也会更加有效。

9.5 强化技能的实施策略

强化技能是一种引导学生将自己的课堂表现和思维活动朝着更好的方向发展,改变错误的或不明确的行为或思维方法,向正确的行为或思维前进的教学技能,有人也称其为导向技能或表扬技能。强化技能是教师应该掌握的一项基本的教学技能,它能起到帮助学生形成正确行为和促进学生思维发展的作用。因此,数学教师要掌握不同类型、不同方法的强化技能,才能够在数学课堂教学中,根据不同的情况、不同的学生,充分挖掘、组合、加工这些强化技能的运用,从而能从不同的途径去培养、激发学生学习数学的兴趣,使数学课堂教学获得良好的效果。

当然教师在数学课堂上要想达到事半功倍的教学效果,也需要慎重地使用强化技能,因为强化不一定总能够带来良好的课堂学习效果和良好的课堂行为。强化技能一旦误用,会削弱和减缓学生内部动机的发展,造成学生对外部动机的依赖,反而会影响整个教学效果。换句话说,强化技能的误用会使得学生的学习只是为了获得外部的奖赏,而不是求得内心的满足。不过只要慎重而恰当地使用强化技能,这种错误是可以避免的。教师运用强化技能时,要注意以下实施策略。

9.5.1 要明确强化目的,切忌强化对象不具体

在运用强化技能时,应根据数学目标,有目的、有选择地对学生的反应进行强化。在数学课堂教学中,教师不必对学生所有的正确反应都给予强化,而应当对与达到教学目标有密切关系的正确反应给予强化,使学生通过强化促进其在学习中采取正确的学习行为,更加积极主动地去学习。因此,强化技能的使用,应以表扬奖励为主,对于学生在数学课堂上出现的学习数学知识、训练思维方法及遵守课堂纪律等方面的错误,教师应给予正面的引导,尊重学生的自尊心。

9.5.2 要变化多样,切忌强化手段单一

在运用强化技能时,注意变化不同的强化类型,即使使用同一类型的强化技能,在反复使用时也应有所变化,切忌强化的手段单一。如果教师只使用一两种强化方法,会引起学生乏味,而同样的强化方法使用过多后,就会失去其原本的作用,再者过多地使用同一种强化,会使学生只注意追求强化物本身,而不去注意学习的过程。因此,强化的类型要根据所授课程内容的特点经常变化,如使用语言的变化、印章图形的变化、口头表扬与图表方式的不同形式的交替使用变化等。

9.5.3 要突出强化的正面效应，努力做到准确有效

在运用强化技能时，要注意做到合适、自然、可靠、恰到好处。对于学生的反应进行迅速、准确的判断，保证教师的强化是发生在被要求的学生表现上，使学生明确教师的表扬、奖励是针对其某种特定的学习行为，以保证教师的强化意图被学生正确地理解。如果使用不当，反而会分散学生的注意力。

例如，给一个学生惩罚性强化时，使用批评应注意个别化。如果这个学生由于能力较弱而回答错误，采用全班式批评，反而会带来反面的强化效果。又如，低年级学生答对问题后，教师用鼓掌表扬，效果很好，而在高年级学生答对问题后，采用全体学生鼓掌表扬，则可能使作答的学生受窘，会适得其反，反而分散其注意力。

9.5.4 要态度真实、可信，切忌夸大、虚伪

在运用强化技能时，教师的态度应该是客观而真诚的，必须让学生感受到教师的强化是可信赖的、有意义的。教师的热情和真诚是运用强化技能的重要组成部分。所谓客观，就是要实事求是，就事表扬事，就人表扬人，某一方面好就表扬某一方面，既不扩大也不缩小。所谓真诚，就是在程度上不夸张、不渲染、不吹捧，但也不能够表扬不够度。同样，批评也是如此，批评应该是有针对性的、善意的、尊重学生的，是为了纠正错误，而不是故意令学生难堪。教师使用强化技能的时候，只有采用热情诚恳的态度，才能对学生的情感性传递产生积极有效的影响，达到强化的目的。而不恰当的表扬或批评，会使学生认为是虚假的、挖苦人的，不但起不到强化的作用，反而可能带来负面影响。

例如，对于一个学习基础较差、学习成绩不太好、思维反应较迟钝而且自卑感较强的学生，教师却表扬他："很聪明！""很出众！"。这样不但不会激发学生的自信心、自豪感及学习的热情，反而会让学生清楚地意识到教师的表扬是虚伪的、不恰当的，让学生感受到讽刺的表扬，从而更加打击学生的自信心和学习热情。

9.5.5 要把握好强化的时机，切忌过于急切与频繁

强化的时间对于强化是否有效具有很大的影响，教师要对学生的反应及时给予强化。但在运用强化技能时，应把握好强化的时机，过早易使学生慌乱，阻碍探究活动的进行；过晚易使学生失去帮助的良机，甚至可能使其接受不了正确的信息。同样，过于急切、频繁地使用强化手段，会分散学生的注意力，妨碍或干扰学生正常的思路，也会干扰学生相互之间的交流，学生会把注意力集中在教师要呈现的新强化物上去。教师应当确保在学生表达完自己的想法之后，再予以强化。因此，为了有效地提高强化的作用，教师在数学课堂上要把握好强化的时机。

例如，对于短小简单的问题、作业完成的情况等应进行即时强化，这样可以给学生留下较深的印象；对于一些抽象、复杂问题的解答或对概念、原理的理解，则应等待学生充分反应后再进行强化，以使强化更具有针对性。

9.5.6　要根据不同的情况，精心挑选恰当的强化物

在进行课堂强化的安排时，教师应该针对不同学生的特点，精心挑选恰当的强化物，因为不同的学生所理解的强化物是不同的。对于多数学生而言，教师的关注是一种有效的强化物，这种关注可以是语言的关注，也可以是非语言的关注，教师通过关注表达自己对学生行为的一种态度。在与学生的交流中，教师可以使用不同的强化物，可以授予特殊权利、物质奖励，可以允许交谈、少做作业、免于考试，也可以让学生阅读杂志等。不管使用什么方法，强化物都应该经过精心选择。

9.5.7　选择的强化方式要适合学生的特点

在数学课堂教学中，要根据学生的特点来选择不同的强化方式。强化要考虑学生的年龄特征，选择的语言、符号、体势、活动等要使学生能够理解。如果学生感到莫名其妙，或是颇为费解，那么就难以得到好的强化效果。同时，强化要考虑学生的个性特征，对于内向、胆怯、自卑感强的学生适合多采用正强化，以增强其自尊心、自信心，而对于外向、自傲的学生则应采用负强化，以引起其自我警醒，避免其因骄傲自满而故步自封、停滞不前。

9.5.8　要注意强化差生的微小进步

对学习或纪律行为较差的同学，教师应多注意强化其微小的进步。例如，爱说话的学生安静下来的时候，过分好动的学生坐到位置上的时候，从来不做作业的学生交了作业的时候，平时计算很马虎的学生所有题目都计算正确的时候等，教师都应该重视这些微小的进步，及时地给予强化，表明教师对这些行为的肯定和认可。

总之，强化是塑造行为和保持行为强度不可或缺的关键。它对激励学习活动，形成良好的学习行为和纪律并使之保持下去，都是极为有益的。恰到好处地应用强化技能是一门艺术。陶行知先生曾这样批判旧教育："你这糊涂的先生！你的教鞭下有瓦特，你的冷眼里有牛顿，你的讥笑中有爱迪生。别忙着把他们赶跑。你可要等到坐火车，学微积，点电灯，才认他们是你当年的小学生？"对照今天的教育，这段话仍有指导意义。作为教师，要相信"今天小小的孩子，就是将来的科学家"。因此，教师要在课堂上以热情真诚的态度，对学生充满希望、关怀和信任，善用、巧用强化技能，使学生的情感、行为产生积极的影响，从而"亲其师，信其道，乐其学。"

第 10 章 一堂课中情感共鸣的最后一个音符

——论结束技能的运用与提升

古人谈论文章写作时，曾有"凤头、猪肚、豹尾"之说。文章有了良好的开头，同样要有完美的结束加以呼应，只有将结束部分把握好，才能收到理想的效果，否则，就会出现"虎头蛇尾"的问题。精彩的课堂教学何尝不与做文章一样，导入要先声夺人，结束同样要注意设计和组织。教师只有把握好结束时间，通过良好的结束技能的运用，才能再次激起学生的思维高潮，给学生留下无穷的回味。

例如，在人教版五年级数学上册第六单元第二节"三角形的面积"的课堂结束时，教师简单地说一句："这节课就学到这里吧。"这种课堂结束显得单调、草率。相反，如果教师在结束时，采用以下的课堂总结，会达到较好的教学效果。

教师先把两个全等的三角形拼成一个平行四边形，根据平行四边形的面积公式推导出三角形的面积公式，然后引申出可不可以用分割长方形、正方形的方式来推导三角形面积公式。让学生把准备好的长方形、正方形纸板沿对角线剪开，看它们符不符合三角形面积公式。

在上述总结中，教师不仅引起了学生学习的兴趣，而且加深了学生对所学知识的理解，增强了学生的探索和钻研精神。同时也注意留有余地，设下了悬念，为下一堂课埋下伏笔，做到给人以新意和启示，以达到"课结束，趣犹存，思犹在"的最佳效果。

10.1 结束技能的概念

俗话说，"编筐编篓，重在收口；头难起，尾难落。"就课堂教学而言，"口"之所以难"收"，"尾"之所以难"落"，是因为它是一堂课迈向成功的最后一步。

明代谢榛曾在《四溟诗话》中说："起句当如爆竹，骤响易彻；结句当如撞钟，清音有余。"意思是说，文章开头要响亮，使人为之一震；结尾要有韵味，使人觉得余音绕梁。这里虽然讲的是写作，但对于课堂教学也同样受用。

著名的教育家袁微子先生也曾说："成功的结尾教学，不仅能体现教师的技巧，而且学生会主题更明，意味犹存，情趣还生。"

无论是哪种观点，都告诉我们一堂成功的课，离不开一个好的结尾。那究竟什么是结束技能呢？

结束技能是一项教学任务终了阶段的教学行为，通过归纳总结、领悟主题、实践活动、转化升华和设置悬念等方式，对所学知识和技能及时地进行系统巩固和运用，使新知识有效地纳入学生的认知结构中。结束技能广泛地应用于一节新课讲完、一章学习完，以及讲授新知识、新概念的结尾。完善、精要的结尾，可以为课堂教学锦上添花，令学生回味无穷。

10.2 结束技能的功能

精心设计的结尾与草率收尾的结尾，效果是截然不同的，教师在结尾时应努力为学生创设"教学已随时光去，思绪仍在课中游"的情境。从信息及其加工的角度来看，结束技能是帮助学生对新知识学习中获得的信息进行提炼、筛选、简化，有重点地记忆、存储，并通过与原有知识的联系，促进知识的结构化和迁移运用，使新知识有效地纳入学生的认知结构中的过程。把结束技能上升至艺术的高度去重视和研究，首先应先明确它的几个重要功能。

10.2.1 启发思维，引导学生自主探索

请看"列方程解应用题"（人教版七年级数学上册）的练习课教学，教师在结束教学时，给出了一道与本节课学生产生的思维定式有矛盾的练习题，以此作为课堂总结。

某班买练习册和连环画26本，付款42元。其中，练习册单价2元，连环画单价1.5元。练习册和连环画各买了多少册？（请用方程解）

在"列方程解应用题"的练习课中，不少学生经过几个习题的练习，很自然就产生了"题目问什么就设什么为 x"的不全面的思维定式。因此，教师在本节课结束教学时给出这样一道与思维定式有矛盾的题目。这道题目中有两个问，按照问什么设什么为 x 的思维定式，就要设两个 x，这就使学生在认识上产生了矛盾。这样通过问题启发的结束，既有助于学生否定自己的片面认识，又有助于开阔学生视野，激活学生思维，加深学生对所学知识的理解。

10.2.2 承前启后，架起新旧知识的桥梁

请看"圆的面积"（人教版六年级数学上册），教师做出如下的课堂总结。

教师拿出一张正方形纸片，用剪刀剪成一个圆，问同学们："怎样求圆的面积？"（复习 $S_{圆}=\pi r^2$）。随即教师拿起剪去的部分，问："怎样求它的面积？"

($S_{剪去部分} = S_{正} - S_{圆}$). 再用剪刀在圆纸片中任意剪去一个三角形, 问: "现在谁能求出它的面积?" ($S_{剩余部分} = S_{圆} - S_{三角形}$). 然后再拿一张圆纸片, 把它对折后问学生: "会不会求它的面积?" 再对折后, 问: "现在呢?"

运用这种方式结束, 让学生感到欢乐、有趣, 从而激发学生的求知欲, 既让学生巩固本节课所学的计算圆的面积的知识, 同时也为以后学习扇形、组合图形面积的计算埋下了伏笔。

10.2.3 总结归纳, 形成系统的知识结构

请看"分数乘法"(人教版六年级数学上册), 教师引导学生做出如下的归纳总结(表 10-1)。

表 10-1

算式	计算过程			计算结果
加减法	通分	不化成假分数	不约分	能约分的要约分, 是假分数的要化成带分数或整数
乘法	不通分	化成假分数	化后约分	

在本节课中由于学生会受到带分数加减法的干扰, 往往将带分数的整数部分与分数部分分别相乘或把带分数部分先通分再约分。为了帮助学生弄清两者之间的异同点, 在课堂结尾时, 教师用准确简练的语言, 提纲挈领地把整节课的主要内容及与其相关的内容加以总结概括, 给学生以系统、完整的印象, 促使学生加深对所学知识的理解和记忆, 培养其综合概括的能力。

10.2.4 突出重点, 强化巩固记忆

请看"均值不等式"(人教版高中数学必修 1), 在定理学习之后, 教师做出如下的总结。

我们在运用均值不等式定理"$\frac{a+b}{2} \geq \sqrt{ab}$(当且仅当 $a=b$ 时取等号)"时应注意以下三个原则: "一正", 两个数必须为正数; "二定", 两个正数的和为定值或积为定值; "三相等"。必须注明等号成立的条件。以上三个条件缺一不可。

学生在学习完均值不等式定理, 并对它进行了深入思考之后, 教师在结尾处强调定理运用的三个原则, 这样既突出教学的重点, 发掘教学的深度, 同时也引导学生进入更高一层的思想境界, 令学生耳目一新、茅塞顿开。

10.2.5 设计练习, 及时进行巩固反馈

教师通过对教学内容的课堂问答或对学生当堂练习、课后习题、思考题等进

行讲评小结,及时得到准确的教学反馈信息,肯定正确,纠正错误,为下一节课或下一部分的教学内容进行改进或调整做好准备。

例如,平面几何、三角函数中的定理、公式繁多,而且容易混淆。通过课堂结尾的练习,能让学生学会区分异同之处,有利于对教学知识的巩固和掌握。

10.3 结束技能的应用原则

在课堂教学中,好的结束能给人以美感和艺术上的享受,但这并不是教师灵机一动就能够达到的效果,而应在平时的教学中增强对课堂总结的设计意识。根据结束环节在课堂教学中的重要作用,结束技能应遵循以下的六大原则。

10.3.1 即时性原则

请看"任意角和弧度制"(人教版高中数学必修 4),在学习完任意角的诱导公式后,教师引导学生做出如下的总结。

把公式中的角都看成锐角,根据"奇变偶不变,符号看象限"的原则来转化。

学生在学习完任意角的诱导公式后,面对如此多的公式便会感到很茫然。此时,教师要及时对学生进行引导,让学生进行理解记忆,这样的总结不仅能及时构建重复,强化记忆,减少遗忘,同时还能引导学生养成及时总结的习惯。这种习惯对于学生积累学习经验、提高解题技能同样是很有帮助的。

10.3.2 针对性原则

请看"分数除法"(人教版六年级数学上册),在学习完"除法的意义"之后,教师通过提出问题做出本节课的总结。

①什么叫除法?②除法与乘法的关系是什么?③"0"为什么不能做除数?然后让学生带着这三个问题阅读教材,并要求学生把书中重点的地方画出来,看谁画得又快又好。教师在教室内巡视,及时点拨,启发诱导。最后再让学生进行总结。

这种结束方式是在教授新知识后,教师通过提问,有针对性地强调重点内容,不仅能够促进学生对重点知识的理解和记忆,还能培养学生的阅读习惯,掌握归纳小结的方法。

10.3.3 系统性原则

请看"圆锥曲线与方程"(人教版高中选修 1-1)的复习课教学,教师引导学生做出如下的总结。

我们至今已经学习完椭圆、双曲线和抛物线这些圆锥曲线，现在由同学们自己总结，归纳出描述这几种圆锥曲线定义的文字语言和图像语言及其标准方程。（由学生概括，教师板书。）

这种总结的方式实现了师生间的互动，教师易于了解学生的掌握情况。让学生对前面的具体分析做高度抽象概括，把感性认识上升到理性认识。这样既符合学生的认知心理，能够帮助学生把握学习的重点，理清学习思路，也有利于培养学生思维的条理性，增强学生对教材知识的系统化、深刻化认识，能够让学生及时地进行查漏补缺。

10.3.4 实践性原则

请看"随机事件的概率"（人教版高中数学必修3）的教学，教师做出如下的总结。

教师拿出"2、3、4、5、6、7"六张扑克牌，从中任取两张，问：两张牌的数字之和有几种可能？（5、6、7、8、9、10、11、12、13）

针对上述的几种可能结果，让一位同学来任选两张，其他同学猜可能出现的结果，看谁猜中的次数最多。

教师通过设计这样一个有趣的实验作为结束，操作性强，让学生产生了浓厚的兴趣，而且也对下一次课的内容做了一个很好的铺垫。

10.3.5 迁移性原则

请看"分数除法"（人教版六年级数学上册）的教学，教师做出如下的总结。

在教授小数、分数四则混合运算时，可先从整数四则混合运算的训练入手，再通过情景创设迁移到小数、分数的四则混合运算。

数学是一门逻辑严谨性和系统性很强的学科，前面的知识是后面知识的基础，后面的知识是前面知识的延伸。在小学数学课堂教学中，教师通过利用学生已有的知识，把前后知识有机地联系起来，使学生顺利地进行知识迁移，对小数、分数四则混合运算的意义、性质理解得更加透彻，从而提高课堂教学的效果。

10.3.6 适当性原则

适当性原则要求教师的结束内容，需要针对学生有意注意和无意注意的认知特点，以及学生自身的知识结构进行设计。既要控制时间，做到不提前、不拖堂，又要把握小结内容的数量和质量，既全面又突出重点，不可过多地增加学生的负担。

10.4 结束技能的类型

一个恰到好处的结束能起到画龙点睛、承上启下乃至发人深省的作用,给学生留下深刻的印象,加强学生的记忆,激发学生对下一次课学习的欲望,同时也对学生进行启发式的引导,使学生的思维进入积极的状态,主动地求索知识的真谛。但课堂结束的方法有很多种,教师应根据每堂课的具体教学目标和学生的实际情况等多方面、多角度进行灵活地把握。只要做到针对不同的课堂教学类型,根据不同的教学内容和要求,巧妙地运用结束技能,紧扣教材,大胆创新,精心设计出既具有特色,又富有实效的课堂结束方式,一定能够收到事半功倍的效果。

10.4.1 趣味结束法

所谓趣味结束法,是指在课堂小结时把当节课所学的重点内容归纳整理成几句有韵律的词语或富有诗意的短句,使学生既感到富有情趣,又简明好记。其特点是简明扼要而又有趣味性。在教学过程中,当一堂课所讲的知识点比较多且要记忆的每一个知识点的内容又比较长时,学生运用"理解记忆""逻辑记忆"等方法往往事倍功半,在这种情况下采用趣味式记忆法就非常必要了。

案例——在"圆的周长"(人教版六年级数学上册)的教学中,教师给如下课堂总结。

师:用所学的知识,请同学们设计一个方案,得到操场上大柳树的半径,你有办法吗?

生1:用尺子量。

师:怎么量?把树砍断量,这样可行吗?

生2:不可以,这样不是破坏生态了吗?

师:提醒一句,我们今天学习了什么?

生:圆的周长!

师:如何算得的呢?

生:……

师:如果知道了周长,你能得到半径吗?老师就提醒大家这些,接下来请同学们在5分钟内制定出计算方案,然后以小组为单位去操场上实施。

(学生们在提示下想到先测出周长后,再用圆的周长公式算出半径。)

本节课之前学生已经学习了长方形、正方形等平面图形及它们的周长、面积计算方法,也认识了圆这种图形。通过本节课的学习,让学生经历测量、计算、猜测圆的周长和半径的关系、验证猜测等过程，理解并掌握圆的周长的计算方法，为后面圆的其他性质和几何图形的学习奠定了基础。六年级学生活泼好问，勤于动手，但是空间观念和运用所学知识解决实际问题的能力相对较弱，教师应在本节课的结尾，通过引导学生参与有趣的实践活动，让学生在实践中感受圆的周长公式的应用。新课程标准指出，学生数学学习的过程就是数学活动的过程，学生们的数学学习内容应该是现实的、有意义的、具有挑战性的，内容的呈现应该采用不同的表达方式，用来满足多样化的学习要求。因此，教师通过有趣的实践活动的方式结束"圆的周长"这一课时的内容，让学生在实践中学习、在实践中巩固，不仅加强学生对该知识点的掌握程度，更让学生学会将所学的知识运用到解决生活中的实际问题中去。

10.4.2 系统总结法

系统总结法是教师引领学生以准确简练的语言对课堂讲授的知识进行概括、总结，梳理讲授内容，理清知识脉络，突出重点和难点，归纳出一般的规律、系统的知识结构等的方法。这是较常用的一种结束方式，它可以在一节课结束时进行，也可以在有联系的几节课结束后进行。这种结束能使内容系统化，以简便的方式纳入学生正在形成的知识结构中，使学生进一步明确学习的主要内容，以便掌握和运用所学知识，掌握学习方法。这类结束方式既可以由教师完成，也可以由教师引导学生完成，还可以由师生共同讨论完成。

案例——在"多项式"（人教版七年级数学上册）的教学中，教师给出如下课堂总结。

师：这节课我们学习了几个单项式的和叫_____，这个和指的是_____。
生：几个单项式的和叫多项式，这个和指的是代数和。
师：最高项的次数叫_____。
生：最高项的次数叫多项式的次数。
师：不含字母的项叫_____。
生：不含字母的项叫常数项。

本节课是在学生已经学习了用字母表示数、有理数运算及单项式的基础上展开的，教师通过几个生活中的实际问题，让学生在解决问题中用字母表示数，用式子对式子进行简化等引出了多项式的概念，使学生感受到学习这些概念是实际的需要。这是一个重视数学学习与实际生活的联系，从实际情境中抽象出数学概念的过程。多项式的学习，也为后面学习整式的加减、一元一次方程等知识奠定了基础。七年级学生具有一定的概念学习的知识经验，但是让学生在一节课中同时接触多个概念，还是很容易将这些概念混淆的。因此，教师在本节课的总结时，采用针对教学内容的重点、难点和关键点进行归纳总结的方式，让学生学会多项式这一课时中重点的内容，并学会如何判断一个式子是不是多项式，同时掌握多项式的次数、系数及常数项等多个概念，为后面学习整式的其他内容打下基础。系统的总结能起到重现知识、加深印象、形成知识网络结构的作用。

10.4.3 拓展延伸法

拓展延伸法是指教师在总结归纳所学知识的同时，与其他学科或以后将要学到的内容或生活实际联系起来，把知识向其他方面扩展或延伸的结课方法。它有利于拓宽学生的知识面，激发学生学习、研究新知识的兴趣。运用时要求思路清晰，表达简洁，留有余地。

案例——在"平行四边形的判定"（人教版八年级数学下册）的教学中，教师给出如下课堂总结。

师：这节课我们学习了哪几种平行四边形的判定方法？

生：①根据定义；②根据对边；③根据对角线。

师：如果一个四边形有两组对角相等，那么这个四边形是否为平行四边形？

本节课是八年级数学几何中一节十分重要的内容。它既是对前面所学的全等三角形和平行四边形性质的回顾和延伸，又是以后学习特殊平行四边形的基础，同时它还进一步培养了学生简单的推理能力和图形迁移能力，更加通过平行四边形和三角形之间的相互转化渗透了化归思想。八年级学生思维比较活跃，想象力较强，但还需要教师加以引导。因此，教师在本节课的课堂总结时，先从平行四边形边和对角线的角度对本节课的教学内容进行梳理和总结，再从对角的角度，便于学生进一步思考，激发学生探究的欲望。

10.4.4 比较法

比较法是教师对教学内容采用辨析、比较、讨论等方式结束课堂教学的方法，旨在引导学生将新学概念与原有认知结构中的类似概念或对立概念，进行分析、比较，既找出它们各自的本质特征，又明确它们之间的内在联系和异同点，使学生对内容的理解更加准确深刻，记忆更加牢固清晰。

案例——在有理数中的"相反数"（人教版七年级数学上册）的教学中，教师给出如下课堂总结。

师：今天我们学习了相反数的概念，它与倒数之间有什么区别呢？现在请同学们跟老师一起来完成下面的这个表格（表10-2）。

表 10-2

名称		相反数	倒数
定义		只有符号不同的两个数是互为相反数	乘积是 1 的两个数是互为倒数
一般形式		a 与 $-a$	a 与 $\dfrac{1}{a}$ ($a \neq 0$)
相同点		两数的相互关系	两数的相互关系
易混点		符号相反	分子、分母相反
不同点	符号	异号	同号
	特例	0 的相反数是 0	0 没有倒数
	运算性质	绝对值相等 和为 0 商为 -1	积为 1

这节课是在学生已经掌握正数、负数和数轴的有关知识的基础上进行的，重点要掌握如何借助数轴理解互为相反数的意义，掌握什么样的数叫互为相反数，怎样确定一个数的相反数等。七年级学生比较好动，对于两个相近的概念常常会因为粗心而容易忽视某些细节，混淆相反数和倒数的概念。因此，教师在课堂结束时，通过师生共同分析讨论，进一步总结归纳并比较出相反数和倒数的定义、一般形式、相同点、易混点、不同点的内容，通过表格的形式进行比较，让学生简洁明了地认识相反数与倒数之间的区别与联系，让学生学会理性思考，使学生能够深刻理解相反数和倒数的相关知识。

10.4.5 悬念启下法

叶圣陶曾说："结尾是文章完了的地方，但结尾最忌的却是真的完了。"所以，一堂有品位的好课，不应是学生学习的结束，而应是把结束作为一种新的开始。

悬念启下法是在课堂结束时，教师选择时机设置悬念，引发学生探究欲望的方法。知识点总是有一定的连贯性，前后几节内容前呼后应，连成一体。因此，在本节课的结尾引出下一节课的内容，采用巧设悬念的方法，在扣人心弦处戛然而止，不仅能收到"欲知后事如何，且听下回分解"的艺术效果，同时也能引发学生产生继续探究的强烈愿望，为后续教学奠定良好的基础。

案例——在"分数的意义"（人教版五年级数学下册）的教学中，教师给出如下课堂总结。

在讲完"分数的意义"后，让学生先用橡皮筋在长方形钉子板上框出 24 等份，找出其中的 18 份用分数表示为 $\dfrac{18}{24}$（图 10-1）；接着，拿走竖向的两条橡皮筋，这时，原来的 18 份变成占整个长方形的 $\frac{6}{8}$（图 10-2）；再拿走横向的 4 条橡皮筋，变成长方形的 $\frac{3}{4}$（图 10-3）。

师：这里的分数 $\frac{18}{24}$、$\frac{6}{8}$、$\frac{3}{4}$ 表示的大小为什么一样？请同学们课后思考。

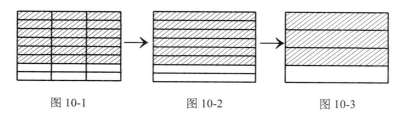

图 10-1　　　　　　图 10-2　　　　　　图 10-3

在本节课之前，学生已经学习了整数和小数等相关知识，对分数有了初步的认识，能够对简单的分数进行大小比较和进行同分母分数加减法。分数的意义和性质是小学数学教学的重要内容，也是进一步学习数学和其他学科所必需的基础知识。通过本节课的学习，给学生积累一些感性知识，并引导学生由感性认识上升到理性认识，概括出分数的意义，比较完整地从分数的产生、分数与除法的关系等方面加深对分数意义的理解。数学知识前后总是紧密联系的，对于小学生而言，分数是比较抽象的，学生在实际生活中遇到分数的情况也比较少，理解和掌握是比较困难的。因此，本案例中教师在课堂总结的时候，通过动手操作，让学生更加直观的认识分数，掌握分数的意义，同时也有意识地联系下节课的知识内容，将学习的内容进行适当的拓展，唤起学生的好奇心，从而营造一种期待的心理，激发学生探索新问题的欲望，为下节课的学习内容埋下伏笔。

10.4.6　提问法

提问法是在课堂结束时，教师围绕着教学内容进行口头提问，让学生回答，然后教师或其他学生再根据回答的情况进行必要的修正和补充的方法。需要指出的是，口头提问必须针对要点、难点和关键点，切忌离题。教师在提问的过程中，要以发展学生的智力为重心，激发学生的积极思维，培养学生的综合概括能力、语言表达能力和发现疑点及问题的能力，并逐步把这些问题由感性认识提升到理性知识，牢固地掌握知识点。

案例——在"分解质因数"（人教版五年级数学下册）30=2×3×5 的教学中，教师给出如下课堂总结。

师：什么叫质因数，质数与因数有什么区别？

生：（学生经过思考讨论后，会得到）每个合数都可以写成几个质数相乘的形式，其中每个质数都是这个合数的因数，叫作这个合数的质因数。30这个合数就可以写成质数 2×3×5 的形式；而质数 2、3、5 都是合数 30 的因数，叫作 30 的质因数。

师：什么叫分解质因数，分解质因数通常按哪几步进行？

生：（学生经过思考讨论后，会得到）在分解质因数时，先用能整除这个合数的质数去除，如果商是合数，就用能整除这个合数的质数继续除下去，直到商是质数为止，最后把各除数和最后的商连起来。要注意的是每个除数都必须是质数，并且要从最小的质数开始。

这节课是在学生已经掌握了因数和倍数的意义，了解 2、3、5 倍数的特征，质数和合数的意义之后学习的又一重要内容。它是学生学习求最大公因数和最小公倍数的基础，在本章教学内容中起着承前启后的重要作用。通过本节课的学习，教师扮演的是活动前的策划者、活动中的引导者和合作者、疑难处的参与者和研究者，通过搭建一架无形的"梯子"，让学生在自主探究的登攀中拾级而上。五年级学生具有一定自主思考能力，但归纳总结的能力相对较弱。因此，在本节课总结的时候，教师采用提问的方式，使学生逐步掌握质因数、分解质因数的概念，并且归纳出分解质因数的步骤，以及所有合数的分解质因数的方式都是一样的方法，让学生理解透彻、记忆牢固，更重要的是培养和锻炼学生比较、抽象、概括等思维能力及探究精神。

10.5 结束技能的实施策略

课堂结束虽只是一整节课堂教学的冰山一角，却是不可缺少的重要环节。结课的方法虽然很多，但归纳起来主要有两类，即封闭型结课和开放型结课。封闭型结课的目的是巩固学生所学的知识，把学生的注意力集中到课程的要点上，这种方法是对教学内容的归纳总结，对结论和要点的进一步明确和强调，并尽可能地引出新问题，把学生学到的知识应用到解决新问题中去。开放型结课是在一个与其他学科、生活现象或后续课程联系比较密切的教学内容完成后进行的，它不仅限于对教学内容要点的复习巩固，而且要把所学的知识向其他方面延伸，以拓宽学生的知识面，引起更浓厚的学习兴趣，或把前后知识联系起来，使学生的知识系统化。总之，课堂结束应该是新颖的、灵活的、多变的，一个具有特色和富有实效的课堂总结，可以成为精彩的课堂教学上的点睛之笔，为课堂教学画上完美的句号。教师运用结束技能时，要注意以下实施策略。

10.5.1 结束要注意做到水到渠成、自然妥帖

课堂教学结束是一堂课发展的必然结果，是外在客观教学时间与教学内容内

在发展同时结束时所需要的教学行为。因此，教师在课堂教学时，要严格按照课前设计的教学计划，根据教学时间与教学的逻辑发展由前而后顺利地进行，力求做到有目的地调节课堂教学的节奏，使课堂的结束做到水到渠成、自然妥帖。要避免一堂课的教学节奏过快，生拉硬套地结课，这样会严重影响课堂教学结构的完整性，妨碍课堂教学结束应发挥的精彩作用。同时也要避免太晚结课，出现"拖堂"的现象，这样会使学生失去耐心，设计得再好的结束也不愿听，还会影响良好思维效能的发挥和下节课的学习效果。

10.5.2　结束要注意做到结构完整、首尾照应

教学是有客观规律可循的。根据教学的客观规律，课堂教学应该是由几个互相联系的环节组成的一个完整的统一体。课堂的结束作为课堂教学中一个不可或缺的重要环节，要注意前后知识间的联系，使结束语和前面的教学内容保持脉络贯通，保证教学结构的完整性。要做到结束过程与导入过程首尾呼应、前后一致，尽可能使结束的语言犹如一条线，引领学生将之前零散的知识串联起来，形成完整的知识结构，使整节课浑然一体。切忌出现有头无尾、头大尾小、头小尾大等现象。同时也要避免乱设悬念，搅乱学生的思维。如果在导入时提出的问题，在教学过程中没有明确地给出回答，应该在结束时加以讨论，使之明确。

10.5.3　结束要注意做到语言精练、紧扣中心

课堂的结束要简洁明快、干净利落。结束的语言不可拖泥带水，一定要少而精，概括性强，紧扣本节课的教学中心，形成知识网络结构，使其起到总结全课、首尾呼应、突出重点、提升认识、升华情感的作用。"没有结束语的结尾平乏无力，可是没完没了的结尾则令人生畏"。课堂的结束过程在一节课中所占时间较短，因此，教师在总结归纳时，要简明扼要、紧扣教学目标，以精练的语言提示知识结构和重点，不能只是简单地重复一遍黑板上的大小标题，而是要对重点、要点升华，使学生对课堂所学的知识有一个完整而又主题鲜明的认识。

10.5.4　结束要注意做到内外沟通、立疑开拓

在学校教学中，课堂教学只是教学的基本形式，却不是唯一的组织形式。为了充分发挥各种教学组织形式在培养学生中的协同作用，课堂结束时要有意识地对一些内容进行拓展延伸，不能只局限于课堂本身。让课堂的结束既成为课堂学习的指导，也成为课外学习的指导，把课内与课外进行沟通，指导学生进行开拓，进一步启发学生思维，把学生引导到更广阔的世界里去学习。

总之，结束无定法，妙在巧用中。绝妙精彩的结束是教学内容与艺术形式的完美结合。课堂就好比是一所房子，而教师就是引路人，要善于把学生引进门，不让他们感到一丝的压力；同时教师也是留客者，使学生久久不肯离去，即使最终要离开也是被动的而不是自愿的。因此，结束技能运用得当，不仅可以归结全篇、深化主题，而且可以使学生展开联想与想象的翅膀，起到扣人心弦、引人入胜的效果。每一位教师都应从教学的实际出发，重视对课堂结束技能的学习和研究，自如地运用和创造课堂的结束方式，并努力地成为驾驭课堂的高手。

参 考 文 献

陈晓慧，2005．教学设计[M]．北京：电子工业出版社．
陈正顺，2010．数学问题解决的思维过程[J]．教育教学论坛，（19）：134-135．
德瓦爱特·爱伦，1995．微格教学[M]．王维平，译．北京：新华出版社．
范建中，高惠仙，2010．微格教学教程[M]．北京：北京师范大学出版社．
付道春，2003．新课程中教学技能的变化[M]．北京：首都师范大学出版社．
付建明，1995．课堂教学基本技能训练[M]．杭州：浙江大学出版社．
何小亚，姚静，2012．中学数学教学设计[M]．北京：科学出版社．
胡淑珍，2000．教学技能[M]．长沙：湖南师范大学出版社．
罗新兵，王光生，2010．中学数学教材研究与教学设计[M]．西安：陕西师范大学出版社．
孟宪恺，1992．微格教学基本教程[M]．北京：北京师范大学出版社．
荣静娴，钱舍，2000．微格教学与微格教研[M]．上海：华东师范大学出版社．
邵利，罗世敏，2011．中学数学课堂教学技能实训教程[M]．北京：科学出版社．
孙立仁，1997．微格教学理论与实践研究[M]．北京：科学出版社．
孙连众，1999．中学数学微格教学教程[M]．北京：科学出版社．
孙正川，王文，高仕汉，1999．课堂教学技能训练[M]．武汉：华中理工大学出版社．
涂荣豹，王光明，宁连华，2006．新编数学教学论[M]．上海：华东师范大学出版社．
王秋海，2008．数学课堂教学技能训练[M]．上海：华东师范大学出版社．
王尚志，2006．数学教学研究与案例 [M]．北京：高等教育出版社．
王晓军，2011．数学课堂教学技能与微格训练[M]．杭州：浙江大学出版社．
奚定华，2001．数学教学设计[M]．上海：华东师范大学出版社．
奚根荣，2009．初中数学有效教学实用课堂教学艺术[M]．北京：世界图书出版公司．
许高厚，施铮，魏济华，等，2010．课堂教学艺术[M]．北京：北京师范大学出版社．
杨国全，2001．课堂教学技能训练指导[M]．北京：中国林业出版社．
叶雪梅，2010．数学微格教学[M]．厦门：厦门大学出版社．
张奠宙，宋乃庆，2004．数学教育概论[M]．北京：高等教育出版社．
张磊，2015．数学教学技能导论[M]．广州：暨南大学出版社．
张磊，张君敏，2013．数学教学技能与案例设计研究[M]．广州：暨南大学出版社．
中华人民共和国教育部，2001．全日制义务教育数学课程标准（实验稿）[M]．北京：北京师范大学出版社．
中华人民共和国教育部，2003．普通高中数学课程标准（实验）[M]．北京：人民教育出版社．
朱家生，施珏，2002．中学数学课堂教学技能训练[M]．长春：东北师范大学出版社．
CRUICKSHANK D R，BAINER D L，METCALF K K，2003．教学行为指导[M]．时绮，等译．北京：中国轻工业出版社．

后 记

本书是广东省哲学社会科学"十三五"规划2017年度学科共建项目"大数据背景下职前教师数学教学技能实训课程实时互动学习云平台开发与应用研究"(项目编号：GD17XJY33)、广东省2017年度高等教育教学改革项目"基于大数据的《数学教学法》课程实时互动学习云平台开发与应用研究"(项目批准号：粤教高函[2017]113号)、广东省2016年度特色创新类（教育科研）项目"基于大数据的'潮汕文化'类课程实时互动学习云平台开发与应用研究"(项目编号：2016GXJK105)和韩山师范学院2017年度教学改革项目"基于微课的翻转课堂创新教学模式与应用研究——以《数学教学技能训练》教学为例"(项目编号：2017HJGJCJY007)的阶段性研究成果。